高职高专计算机任务驱动模式教材

网络综合项目实训

周明快　范荣真　主　编

清华大学出版社
北京

内 容 简 介

本书按照网络工程项目建设的工作流程,以一个真实的网络工程项目为例进行组织。全书以项目教学方式进行编写,共有九个实训项目,包括用户网络规划设计、IP 地址与 VLAN 规划、网络设备选型、交换机配置、路由器配置、实施广域网、无线网络实施、服务器实施、网络安全实施。

本书主要以网络工程建设为目标,以网络工程的分步实施来引导学生学习。本书可作为高职高专计算机专业及相关专业的教材,也可作为相关技术人员的参考用书或培训教材。

图书在版编目(CIP)数据

网络综合项目实训/周明快,范荣真主编. --北京:清华大学出版社,2016 (2021.12 重印)

高职高专计算机任务驱动模式教材

ISBN 978-7-302-43504-4

Ⅰ. ①网… Ⅱ. ①周… ②范… Ⅲ. ①计算机网络－高等职业教育－教材 Ⅳ. ①TP393

中国版本图书馆 CIP 数据核字(2016)第 079555 号

责任编辑:张龙卿
封面设计:于华芸
责任校对:李 梅
责任印制:宋 林

出版发行:清华大学出版社
    网 址:http://www.tup.com.cn,http://www.wqbook.com
    地 址:北京清华大学学研大厦 A 座   邮 编:100084
    社 总 机:010-62770175   邮 购:010-62786544
    投稿与读者服务:010-62776969,c-service@tup.tsinghua.edu.cn
    质量反馈:010-62772015,zhiliang@tup.tsinghua.edu.cn
    课件下载:http://www.tup.com.cn,010-62770175-4278
印 装 者:北京鑫海金澳胶印有限公司
经 销:全国新华书店
开 本:185mm×260mm   印 张:11.25   字 数:273 千字
版 次:2016 年 6 月第 1 版   印 次:2021 年 12 月第 4 次印刷
定 价:32.00 元

产品编号:064351-01

前　言

　　计算机网络的建立是一个技术复杂、涉及面广、专业性较强的系统工程。要想成为一名合格的网络工程师，除了学习网络基础知识和相关网络设备的配置使用外，还需要系统地掌握网络系统工程设计、施工的相关知识与技术。

　　本书根据高职高专学校的特点和培养目标，按照网络工程项目建设的工作流程，以真实的网络工程项目为例进行组织，首先全面而又精练地讲解了网络工程建设之前的准备工作——用户调查与需求分析，其中包括用户需求的调查内容及方式、用户需求分析及需求分析说明书的编写等；然后详细地介绍了网络工程项目中的逻辑设计，主要包括网络拓扑结构的设计、IP 地址规划及 VLAN 规划、网络设备的选型等；接下来系统地讲解了网络工程项目的物理设计、工程的施工，主要有交换机的配置与管理、路由器的配置与管理、无线网络的配置与管理、广域网配置与管理、防火墙的配置与管理等内容。另外，本书介绍了网络系统中 WWW、FTP、DNS、电子邮件等服务器的配置。

　　本书由周明快和浙江商业职业技术学院范荣真主编。本书在取材上突出培养和强化学生的实践能力与应用能力，加强了实训内容的编写，在理论上简单明了。本书特别突出了各项技术的应用性，希望能贴近高职高专学生的学习特点，从而激发起学习兴趣，在实践中提高其对网络工程项目整体性的理解与实施能力。

　　由于编写水平及时间所限，书中难免有疏漏之处，恳请广大读者和专家批评指正。编者邮箱 frzl@163.com。

编　者

2016 年 3 月

目　录

项目一 用户网络规划设计

1.1 项 目 目 标

终极目标：

根据滨江学院的校园网络的实际需求，进行校园网络的规划设计，一次规划，分期建设，满足未来 20 年的网络需要。

促成教学目标：

1. 掌握网络的需求分析方法。
2. 掌握网络需求分析的内容。
3. 掌握网络拓扑的类型。
4. 掌握网络拓扑设计。
5. 掌握网络拓扑图的绘制方法。
6. 掌握 IP 路由规划的方法。

1.2 项 目 任 务

1. 通过了解滨江学院网络的用户需求，形成整个校园网络的需求。
2. 根据需求，分析主要网络的设备需要。
3. 进行核心层网络设计。
4. 进行汇聚层、接入层网络设计。
5. 网络拓扑图的绘制。

1.3 项 目 实 施

模块 1 网络需求分析

一、教学目标

1. 掌握网络的需求分析方法。
2. 掌握网络需求分析的内容。

二、工作任务

1. 分析校园网络的各种需求。

2. 整理各种网络需求,进行流量分析。

三、相关知识点

1. 用户网络需求调查方式

要想设计出既能符合用户网络建设目标,又能遵守网络设计原则的网络解决方案,首先要进行网络需求分析。这包括用户需求调查和需求分析两部分工作。用户需求调查是通过调查方式,了解用户的实际需求;需求分析是对需求调查所取得的数据进行分析,以估算用户所需要的设备的性能参数。在明确了用户需求之后,才能设计出最能满足用户需求的网络设计方案。

用户需求调查是网络需求分析阶段的首要工作。全面地了解用户建设网络的要求,或用户对原有网络升级改造的要求,是整个网络工程项目中的难点。因此,进行用户需求调查的网络工程人员要具备丰富的用户调查经验,全面掌握相应网络工程项目的细节,还要具有深入的数据、成本分析能力,否则会使得收集到的数据不完整或不准确,得出的成本/效益也就不适用于网络系统设计方案。

用户需求调查常用的方式主要有以下几种。

实地考察:这种方法是工程设计人员获得第一手资料最直接的方法,也是必需的步骤。

用户访谈:这种方法要求工程设计人员与招标单位的负责人通过面谈、电话交谈、电子邮件等通信方式以一问一答的形式获得需求信息。

问卷调查:这种方法是工程设计人员率先提供一个规定格式的调查表格,向用户网络管理员或项目负责人,必要时可向具体应用部门的负责人及最终用户进行问卷调查,获取对将要建设的网络应用的要求。问卷调查的方式可采用无记名问卷调查和记名问卷调查两种形式。

向同行咨询:项目小组讨论、分析用户的需求,必要时可召开部门或公司会议。另外还可以将获得的需求分析中不涉及商业机密的部分发布到专门讨论网络相关技术的论坛或新闻组中,请同行提供相关的意见和建议。

(1) 业务与组织机构调查

业务与组织机构调查是与用户方的相关主管人员、相关应用的部门人员进行交流,主要获取下列信息:主要相关人员信息(如决策者信息)、网络工程的关键点信息(如开工和完工时间等)、投资规模信息(如预算等)、性能要求、预测增长率情况、业务活动情况、安全性要求、电子商务的需求情况、与Internet的连接方式、远程访问需求等。业务与组织机构的调查是各类调查中最关键的。

(2) 用户调查

用户关注的是:信息能否传输?信息的传输是否有效、可靠?网络的扩展性好不好?网络的建设成本等问题。用户的感觉往往是主观的、不精确的,但它却是需要精确了解的重要信息。

在收集用户信息时,要鼓励用户量化需求。例如,网络故障能否接受?若能接受,可以接受到什么程度?何时接受?响应时间多长?

用户调查结束,列出用户需求表,如表1-1所示。

表1-1　用户需求表

需　　　求	现 有 服 务	期 待 服 务

（3）应用调查

不同行业有不同的应用要求,应用调查就是要搞清楚用户方建设网络的真正目的,现在和将来需要使用什么应用系统,如企业邮局、办公自动化、财务系统、视频会议、电子商务等。只有了解了用户方的应用类型、数据量大小、数据源的重要程度、网络应用的安全及可靠性等,才能设计出适合用户实际需求的网络工程方案。

应用调查多采用会议或走访的形式,请用户方的代表发表意见并填写网络应用调查表,如表1-2所示。

表1-2　网络应用调查表

应用名称	应 用 需 求					
	单用户、多用户、网络	平均用户数	平均事务大小	峰值时间	使用频率	是否实时

（4）计算机平台调查

计算机平台需求所涉及的范围有:可靠性、有效性、安全性、响应速度、CPU、内存、硬盘容量、操作系统等。对于计算机平台,需要考虑未来2～3年的应用需求,如硬件性能不能满足将来的应用,到时就不得不采购新设备升级或替换,增加了客户的成本。

一般可以采用问卷调查形式获取计算机平台需求信息,调查结果填写在如表1-3所示的计算机平台调查表中。

表1-3　计算机平台调查表

计算机平台名称	CPU	内存	I/O接口	硬盘	操作系统	网卡

（5）综合布线调查

综合布线调查的目的是了解用户方建筑群的地理位置与几何中心、建筑群楼内的布线环境与几何中心,以便于确定网络的物理拓扑结构、综合布线系统预算。

调查的内容主要有:用户方信息点的数量和位置(如表1-4所示),布线要求(如布线走向要求、线路带宽、线路冗余等)。

在全面了解了用户需求后,接下来就要根据所掌握的用户需求进行需求分析,为后面的网络系统设计提供技术基础。

表 1-4　信息点调查表

楼　　宇	楼　　层	信 息 点 数	配线间位置	配线间与网络中间距离

网络需求分析的主要内容如下。

① 分析商业目标与商业约束；

② 分析技术目标与技术约束；

③ 了解原有网络的运行情况。

2. 需求分析

1）分析商业目标与商业约束

分析商业目标及约束总是被许多网络设计者忽略，原因是他们认为此步骤不重要，而分析网络的技术目标更有意义。但是，殊不知分析商业目标对后期的网络开发同样很重要，从中也会获取一些能把网络设计方案与用户的商业目标匹配在一起的方法。

（1）分析商业目标

了解用户的商业目标首先从用户单位的高层管理者开始收集商业需求；其次，收集用户所面向的客户群体的需求；最后，收集支持用户与其客户之间商业应用的网络需求。主要获取以下几个方面的信息。

① 了解用户的商业状况和行业特点。用户的商业目的是设计网络前需要重点考虑的内容，同时还必须对用户的行业特点及国家的相关政策有所了解。例如，一个企业内部通常会有一些信息安全方面的规定：政府网络中涉及国家机密的计算机设备物理上不能与Internet连接等。这些信息在以后的网络系统设计中都有重要的参考意义。搞清楚用户处于哪个行业中，研究该用户的市场、供应商、产品、服务和竞争优势，了解了用户的商业及外部关系后，就可以对技术和产品进行定位了。另外，还要了解用户开发网络项目的整体目标，开发新网络的商业目的。总之，要收集足够的信息，全面地认识新网络对商业任务的重要性，使自己对网络开发项目的范围及透明度有足够的认识。

② 辨别网络开发项目的范围。开始进行网络开发项目的首要步骤之一是确定其范围，了解用户此次开发项目是全新的网络还是对现有网络的改造升级，并且搞清楚是针对一个部门、一个局域网、一个广域网，还是远程访问网络。

③ 了解用户单位组织结构。用户单位组织结构调查非常重要，尤其对一些网络应用系统开发、网络配置和管理等是必不可少的，如确定哪些用户配置哪些权限。通常，网络的拓扑结构与用户单位的组织结构也是密切相关的，了解用户单位的组织结构，可以基本确定网络的拓扑结构。一般来说，单位内部有多少独立的部门，就有可能有多少相对独立的网络。网络的一些特殊设计如虚拟局域网（VLAN）通常也是围绕用户单位的组织结构来进行的。

④ 用户网络系统地理位置分布。这个也相当重要，它涉及网络系统的最终拓扑结构、传输介质的选择、网络连接方式、各交换节点的位置安排。对物理网络的设计就更为重要

4

了,因为综合布线系统的设计依据就是网络系统的地理位置分布。

⑤ 人员组成和分布。从网络设计者的角度来看,单位内的人员可分为两类:网络的管理者和网络的使用者。在网络规划设计时,首先要考虑网络的管理和维护者,从管理员那里可获得用户网络的第一手信息,网络管理维护人员的人数及其技术水平决定了网络的可维护性,这对网络特性的设计思路会有一定的影响。其次,要考虑网络的使用者,从使用者那里可以获得一些具体的网络应用要求信息,如各应用软件、操作系统、办公自动化系统的熟练程度等。网络使用者的人数和未来的发展从某些方面决定了网络的总体规模,而各具体使用者的组成和分布决定了各具体应用系统软、硬件配置和相应权限的配置,网络规模的大小又影响了网络系统的最终拓扑结构、连接方式、设备档次选择、投资成本等。

⑥ 分析用户的网络应用。用户的实际业务情况决定了网络的实际应用,不同的业务对网络的性能有不同的需求。比如音频、视频等一些需要实时传输数据的业务,对网络的带宽、延迟和 QoS(服务质量)的要求较高。应用需求是进行网络规划和设计的基本依据。网络应用需求分析的目的是要明确网络的应用类型、应用软件的种类以及网络带宽和服务质量的要求。用户网络中的应用信息通常包括以下几个方面。

> 网络应用的类型:例如,E-mail、基于 Web 的业务应用、文件服务、视频会议、VoIP(网络电话)等,不同的应用对网络有不同的需求。

> 使用该应用的用户端数量:初步统计使用相应网络应用的客户端和用户数量以及具体的分布情况。

> 数据流量对带宽的要求:统计不同应用的流量情况,得出不同应用对带宽的需求。通过对流量的分析可以确定网络中潜在的瓶颈问题。文件服务和视频会议要求网络有足够大的带宽,而视频会议和 VoIP 则要求网络有足够快的响应速度,否则会造成视频和语音的不连续。

> 应用在安全性、可靠性、实时性等方面的需求:针对不同的应用,根据应用的重要程度以及应用本身的特性,分析不同应用流量对网络性能的需求。

⑦ 决策者的建设思路和商业预算。充分了解及依照决策者的建设思路是项目成功实施的一个关键因素,当然决策者的思路也可能会在网络及技术交流中,由于新技术及新观念的出现被引导和改变。

投资预算是对整个网络建设成本的考虑。当然这个预算可能不准确,在网络系统设计人员确定了网络规模和基本应用需求后,就可以知道该预算是否合理了。

(2)分析商业约束

除了分析商业目标、了解用户支持新应用的需求外,还要分析对网络开发有影响的商业约束。

① 选择技术与产品的约束。网络设计者在设计网络之前,要充分了解用户方是否已经为新网络项目选择好技术和产品,是否在传输、路由选择等协议方面已经指定了标准,是否有开发的约定或选择专有的解决方案,是否有指定的供应商或特定的网络应用平台,是否允许不同厂商竞争等。如果用户方已经选择好技术和产品,那么新的网络设计方案就一定要与该计划匹配。

② 投资预算的约束。网络设计方案必须符合用户的投资预算。所有网络设计的一个共同目标就是控制网络预算,应包括设备采购、软件购买或开发、系统维护与测试、工作人员

培训及网络设计与安装等所有费用。

一般来说，需要对用户单位网络工作人员的能力进行分析，了解他们的工作能力和专业知识是否能胜任今后的工作，从而提出相应的建议：如新增网络管理员、培训现有员工，或将网络操作和管理外包出去。这些因素都将对项目预算产生影响。

③ 时间约束。设计项目的日程安排是需要考虑的另一个问题。项目进度表规定了项目的最终期限和重要阶段。通常是由用户方负责管理项目进度，但系统集成商必须对该日程表是否可行提出自己的意见，使项目日程安排符合实际工作要求。

在全面了解了项目的商业目标与商业约束后，要将系统集成商自行安排的计划（项目需求分析、逻辑设计、物理设计、现场施工、局部网络测试、整体网络测试、网络应用平台设置和网络系统运转）的时间与项目进度表的时间进行对照分析，及时与用户沟通存在的问题。

（3）商业目标及约束检查表

表 1-5 列出能影响典型的网络设计商业目标及其约束问题，可以使用该表来确定是否了解用户的商业目标及约束的事项。

表 1-5　网络设计商业目标及约束检查表

商业目标及约束检查项目	完成情况和出现的问题
对用户所处的行业及竞争情况	
了解了用户单位的组织结构	
编制了用户商业目标清单，明确网络设计的最主要目的	
了解了网络项目设计的范围	
了解了用户对网络项目建设成功与失败的衡量标准	
明确了用户的网络应用	
用户已对认可的供应商、协议和平台等进行了解释	
了解了网络项目预算	
了解了网络项目进度安排，包括最后期限和重要阶段，进度安排切合实际	
用户和相关的内外部工作人员对技术知识都了解	
用户明确了所有关键任务的操作	
已对员工培训计划进行了探讨	
注意到了任何可能影响网络设计的政策或人员方面的策略	

2）分析技术目标与技术约束

在技术上，网络设计应该满足用户的使用功能要求。典型的技术目标包括网络的可扩展性、技术兼容性、可用性、网络性能要求、安全性、可管理性、易用性、适应性和可购买性等。

（1）网络的可扩展性

网络的可扩展性是指网络设计必须能够适应用户企业规模增长的幅度，能使用户单位实现网络在未来几年内的平滑扩展。在分析用户的可扩展性目标时，一定要注意网络技术的选择。如果网络技术选择不当，网络以后的扩展将会变成一个带有许多枝节的复杂过程。一般根据用户近一年的平均发展状况和未来 3～5 年的发展水平来估算网络规模和系统应用水平。

（2）技术兼容性

对原有网络中不同厂商设备以及相应技术的兼容。如思科公司的网络设备有很多思科专有协议，如 VTP（VLAN 中继协议）、IGRP（一种路由协议）等，与其他厂商的技术不兼容，需要保证新设备和新的软件平台与用户原有的系统使用的协议和技术完全兼容，实现网络建设或升级的平滑过渡。

（3）可用性

可用性是指网络可供用户使用的时间，通常用每年、每月、每周、每天、每小时的网络运行时间与所对应时间段的全部时间之比来表示，是一个运行时间百分比。

描述可用性的另一种方法是停机成本。对于每个关键应用，记录每次停机的单位时间将会体现出给单位带来多大的损失。

（4）网络性能要求

网络性能要求决定了整个网络系统的性能档次、所采用的技术和设备档次。性能需求涉及多方面的内容，有带宽、吞吐量、时延、响应时间等。

（5）安全性

因为多数用户单位的网络要接入 Internet，用户希望保证自己的商业信息和其他数据资源不会丢失、被破坏或被盗，因此网络安全性设计成为网络设计中非常重要的一个方面。

网络安全性设计的第一步是进行网络威胁分析和需求开发，从中获取安全性目标，权衡应该采用何种安全技术措施。

安全性的实现可能会增加使用和运行网络的成本，严格的安全策略还会影响网络效率，为了保证用户数据信息资源的安全性，不得不牺牲许多用户的便利。

安全性问题来源于外部网络和内部网络，最主要的原因还是来自内部网络，例如员工的疏忽和恶意攻击等。对于来自外部网络威胁的防护可在网络出口部署硬件防火墙，对于来自内部网络威胁的防护可在网络的关键部位或网络核心部署防御系统。

（6）可管理性

不同的用户有不同的网络管理目标，有些用户的网络管理目标明确，而有的用户则没有明确的管理目标。例如，有的用户已经明确要使用 SNMP（简单网络管理协议）来管理网络 SNMP 设备，记录每个交换机或路由器接收和发送的字节数量，如果选用的网络设备不支持 SNMP 网络管理协议，就不能满足用户的需求。

对于管理目标不明确的用户，可以使用 ISO（国际标准化组织）定义的 5 个网络管理功能来说明。

① 性能管理：分析通信和应用的行为，以优化网络，满足服务等级协定和确定扩展规划。

② 配置管理：用来定义、初始化、辨别和监控网络中的被管对象，改变被管对象的操作特性，报告被管对象状态的变化。

③ 故障管理：检测、隔离和排除网络中的故障，向最终用户和管理员报告问题，跟踪与问题相关的事件。

④ 安全管理：监控和测试网络安全性和保护策略，维护并分发口令和其他认证及授权信息，管理加密密钥，审计与安全性策略相关的事项。

⑤ 计费管理：记录用户使用网络资源的情况并核收费用，同时也统计网络的利用率。

（7）易用性

易用性是指网络用户使用网络及网络服务的难易程度。它与可管理性是相关的,但又不完全相同。可管理性的重点是使网络管理员的工作更容易,而易用性的重点是使网络用户的工作更方便。

（8）适应性

适应性是指随着网络新技术和适应新需求的出现,用户改变网络应用要求时网络的应变能力。一个优秀的网络是能够适应网络新技术和新变化的。例如,能适应不断变化的通信模式和 QoS(服务质量)的要求;所选的局域网或广域网技术能适应随时加入新用户使用的要求等。

（9）可购买性

可购买性也称为成本效用,通常成本包括一次性购买设备成本和再发生的网络运行成本。

可购买性的一个基本目标就是在给定的财务成本情况下,使通信量最大。在小型网络中,低成本通常是一个最基本目标,低成本比可用性和性能更重要;在大中型企业网中,可用性要比低成本重要得多。

（10）技术目标及约束检查表

表 1-6 列出了典型的网络设计技术目标及其约束问题,可以使用该表来确定是否了解用户的技术目标及约束的事项。

表 1-6　典型的网络设计技术目标及其约束问题检查表

技术目标及约束检查项目	完成情况和出现的问题
记录了用户今、明两年内关于扩展地点、用户和服务器/主机数量的计划	
了解了部门服务器迁移到服务器场点或内部网络的计划	
明确了有关实现与合作伙伴和其他公司通信的外部网络计划	
记录了网络可用性的运行时间百分比或平均故障时间间隔以及平均修复时间	
记录了共享网段上的最大平均网络利用率目标	
记录了网络吞吐量目标	
记录了网络互联设备的吞吐量目标	
记录了精确度目标及可接收的误码率	
辨别了比工业标准要求更严格的响应时间小于 100ms 的应用	
同用户讨论了网络安全威胁和需求	
收集了可管理性的要求,包括性能、故障、配置、安全性和计费管理	
与用户共同制定了网络设计目标图表,包括商业目标和技术目标,该表从一个总体目标开始,并包括了其他目标,重要目标都做了标记	

四、实践操作

1. 校园物理环境分析

校园内各个建筑物采用的是光纤连接的,而这里只以建筑物之间实际距离为准,包括建筑物之间的水平距离和垂直距离,图 1-1 所示是校区楼宇分布平面示意图。

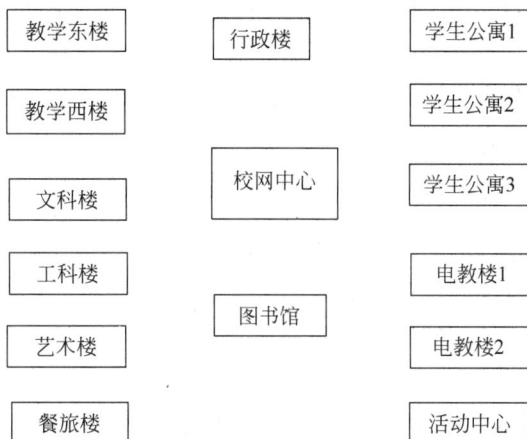

图 1-1 校区楼宇分布平面示意图

水平距离是建筑物之间水平距离,垂直距离是某一建筑物的网络中心到各个楼宇之间的距离,如表 1-7 所示。

表 1-7 网络中心到各建筑物的距离

建 筑 物	直线距离
网络中心到图书馆	大约 80m
网络中心到行政楼	大约 80m
网络中心到教学东楼	大约 350m
网络中心到教学西楼	大约 150m
网络中心到教学文科楼	大约 150m
网络中心到教学工科楼	大约 150m
网络中心到餐旅楼	大约 200m
网络中心到艺术楼	大约 500m
网络中心到电教楼 1	大约 300m
网络中心到电教楼 2	大约 400m
网络中心到学生公寓 1	500m
网络中心到学生公寓 2	400m
网络中心到学生公寓 3	500m
网络中心到活动中心	800m 以上

2. 网络技术目标分析

1) 可扩展性

骨干节点设备的性能具有向上扩展的能力,以备将来更高宽带和应用需求。

2) 可管理性

整个校园网将采用集中式管理,能够监控网络的运行,并找出网络节点的故障所在迅速恢复用户应用。

3) 安全性

由于整个大学的管理事物都将放在校园网上,不同部门的重要数据要求绝对安全,可访

9

问与不可访问将严格限制。校园网和互联网之间的数据流也将严格限制。

4）易用性

网络用户访问网络和服务较为容易，使网络用户的工作也更为容易。

5）可靠性

将要建设的校园网要有高可靠性，达到 24 小时不间断稳定运行。网络的局部问题不能影响大网络的运行。

3. 校园网络需求分析

根据滨江学院的需求决定了该网络系统的特殊性，按照用户的要求，网络系统需实现以下功能。

1）校园网内部功能

（1）在教学方面，能够建立课件、教学信息资料库，实现课件点播、多媒体信息交换、远程教学等功能。教师可以在学校的任意一台计算机上方便地浏览和查询网上资源，还可以通过网络对学生的学习进行指导。

（2）在信息管理方面，学校管理人员可以利用 MIS 软件，方便地对教务、行政事务等进行综合管理，同时各楼办公室的计算机可以进行数据信息交换，初步实现全校计算机辅助管理和办公自动化。

（3）能够利用图书馆计算机管理系统实现图书馆信息自动化管理和快速检索、电子阅览等。

（4）学生可以在计算机实验室、图书馆、教室、电子阅览室、宿舍等地方便地浏览和查询网上资源，通过网络进行网上学习并能和教师进行网上讨论。

（5）学校的主要办公区、教学区、会议室、活动中心、图书馆要求实现 WLAN 覆盖。

（6）校园网内部必须能够实现高速的视频会议、VOD 点播、多媒体教学等服务。

（7）整个校园网主干网实现千兆传输，即千兆到楼宇，而楼内根据需要选择千兆或百兆，做到百兆到桌面。

（8）对于信息点比较密集、要求高带宽的区域适当考虑冗余设计。

（9）校园网在管理上拥有灵活的、安全的管理模式，做到分级别、分权限、分地点的管理，能够实现对网络设备、服务器、部分工作站以及应用系统的网络与系统管理。

2）Internet 功能

（1）校园网接入 Internet，通过建立 Web 站点，实现学校信息在 Internet 上的发布；通过 E-mail 服务器，方便内外联络。

（2）对校内提供 FTP 服务、视频点播、多媒体教学。

（3）建立远程访问，教师不受任何限制，利用校园网实现在家备课、办公等；但学生只能在规定的地点上网。

（4）校园网必须拥有高速的 Internet 和 CERNET 接入出口。

（5）主校区与城北校区网络的连接可采用 MPLS VPN 技术实现互联。

（6）校园网必须提供 DNS、WWW、E-mail 等多项 Internet 服务。

（7）对校园网进行全面的系统安全设计，包括防火墙、网络防病毒、入侵检测、漏洞扫描、数据的灾难性恢复等。

（8）校园网拥有透明的出口措施，能够详细地记录上网访问日志。

4．通信量需求分析

1）带宽

从网络中心到各个楼宇均铺设了多模光纤,带宽可以达到千兆每秒,各楼层到桌面采用的是超五类双绞线,带宽在百兆左右。

2）吞吐量

在网络高峰期,比如中午12：00左右和晚上9：00左右,上网人数比较多,发生冲突的可能性达到10％,这样吞吐量＝90％Gbps(网络负载),其他时间的吞吐量几乎等于Gbps。

3）丢包率

在网络无拥塞时,路径丢包率为0,轻度拥塞时丢包率为1％～4％,严重拥塞时丢包率为5％～15％。

4）可用性

以边界路由NE40为例计算设备可用性。

5）主干网的流量负载

网络中心到各楼干线流量：最大约820Mbps,流量分布如下。

(1) 网络中心到图书馆：最大约300Mbps。

(2) 网络中心到行政楼：最大约100Mbps。

(3) 网络中心到教学东楼：最大约300Mbps。

(4) 网络中心到教学西楼：最大约200Mbps。

(5) 网络中心到教学文科楼：最大约200Mbps。

(6) 网络中心到教学工科楼：最大约500Mbps。

(7) 网络中心到餐旅楼：最大约110Mbps。

(8) 网络中心到艺术楼：最大约110Mbps。

(9) 网络中心到电教楼1：最大约600Mbps。

(10) 网络中心到电教楼2：最大约500Mbps。

(11) 网络中心到学生公寓1：最大约800Mbps。

(12) 网络中心到学生公寓2：最大约800Mbps。

(13) 网络中心到学生公寓3：最大约700Mbps。

(14) 网络中心到活动中心：最大约100Mbps。

流量的统计分析：学生寝室的网络流量比较大,由于学生大部分时间在寝室内上网,因此网络在11点之前的流量是比较大的,但是,学生在11点熄灯之后,由于只有部分学生的笔记本电脑能提供上网服务,因此网络流量骤降。而教室的流量只有当上课的有流量,并且流量远远小于寝室的流量。

根据与各楼的流量计算得知网络中心与各楼的流量最高不超过1Gbps,所以从网络中到各楼的楼交换机采用千兆光纤进行布线即可。

5．信息点及应用需求

各个办公室及教室在配备必需的信息点的同时,还要能有冗余的信息点作为用户网络终端的冗余备份和容错备份。当办公室实际需要的信息点数≤4时,则配置1个冗余信息点；当办公室及教室实际需要的信息点数≥5且≤8时,则配置2个冗余信息点；当房间实际需要的信息点数≥9且≤12时,则配置3个冗余信息点,以此类推,各楼信息点情况如

11

表 1-8 所示。

表 1-8 各建筑物信息点统计与网络功能情况表

名　称	信息点数量	所使用的应用程序
教学东楼	320	电子邮件、上网、FTP、Web、文件传输
教学西楼	408	电子邮件、上网、FTP、Web、文件传输
行政楼	208	电子邮件、上网、数据存储与备份、文件传输
图书馆	150	浏览网页、数据存储与备份、查询、文件传输
工科楼	148	电子邮件、上网、FTP、Web、文件传输
文科楼	98	电子邮件、上网、FTP、Web、文件传输
艺术楼	160	电子邮件、上网、FTP、Web、文件传输
餐旅楼	171	电子邮件、上网、FTP、Web、文件传输
学生公寓 1	1400	上网、电子邮件、文件传输、Web 浏览、计费
学生公寓 2	1200	上网、电子邮件、文件传输、Web 浏览、计费、FTP、数据存储与备份
学生公寓 3	1400	上网、电子邮件、文件传输、Web 浏览、计费、FTP、数据存储与备份
电教楼 1	720	电子邮件、上网、FTP、Web、文件传输
电教楼 2	680	电子邮件、上网、FTP、Web、文件传输
学生活动中心	100	上网、电子邮件、文件传输、Web 浏览、FTP、数据存储与备份
无线网络	1000	上网、电子邮件、Web 浏览

模块 2　网络拓扑结构设计

一、教学目标

1. 掌握网络拓扑结构设计方法。
2. 掌握网络拓扑结构绘制方法。

二、工作任务

1. 根据实际情况分析核心层、汇聚层、接入层的设计。
2. 绘制合理的校园网拓扑图。

三、相关知识点

1. 网络拓扑结构设计

网络设计是保证网络工程质量的关键环节之一，只有优良的网络设计方案，才能经过精心施工构建出高质量的网络。网络设计包括逻辑网络设计与物理网络设计。逻辑网络设计主要包括：网络拓扑结构的设计、IP 地址规划与 VLAN 的划分、网络管理与网络安全设计等；物理网络设计是逻辑网络设计的物理实现，主要包括综合布线系统的设计、网络设备的选型等。

网络拓扑结构设计主要是确定网络中所有的节点以什么方式相互连接。在设计时，要考虑网段和互联点、网络的规模、网络的体系结构、所采用的网络协议，以及组建网络所需的硬件设备（如交换机、路由器和服务器等）类型和数量等各方面的因素。优良的拓扑结构是网络稳定可靠运行的基础,对于同样数量、同样位置分布、同样用户类型的主机,采用不同的拓扑结构会得到不同的网络性能,因此,要进行科学的拓扑结构设计。

1) 层次型网络结构设计

目前,网络拓扑结构设计遵循层次设计的思想。国际上比较通行的拓扑结构设计方法是三层结构设计法,每层的重点集中于特定的功能上,允许为每层选择适当的系统和功能,并且使特定的功能在各层中独立地体现。这三个关键层分别是核心层、汇聚层和接入层,其结构如图 1-2 所示。

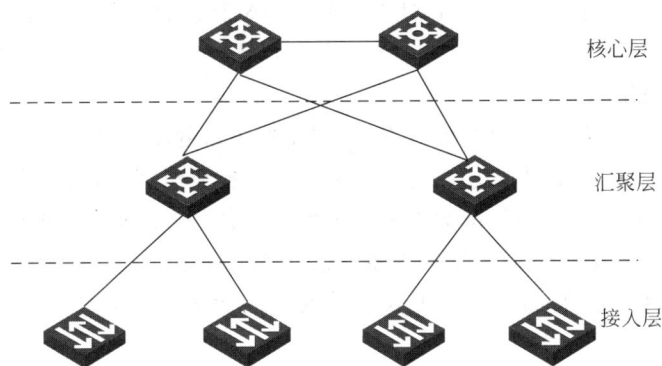

图 1-2　三层拓扑结构

在三层拓扑结构中,通信量被接入层导入网络,然后被汇聚层聚集到高速链路流向核心层。从核心层流出的通信量被汇聚层发散到低速链接上,经接入层流向用户。

2) 核心层网络结构设计

核心层是网络的高速主干,不仅要求实现高速的数据包转发,而且要求性能高、容量大,具有高可靠性和高稳定性。通常核心层由具有高速交换能力的路由器或具有路由功能的高性能模块化交换机组成,并且都有设备及线路的备份设计。

核心层的主要工作是数据包交换,为了达到其目标,需要注意以下策略。

(1) 在核心层尽量执行较少的网络策略。所谓网络策略,是指网络管理员定制的规则,例如路由器基于源地址或其他标准主动转发数据包、复杂的 QoS 处理等。由于网络策略对网络性能不可避免地有一定的影响,因此应尽量避免增加核心层路由器或三层交换机配置的复杂程度,因为一旦核心层策略出错将会导致整个网络的瘫痪,网络策略的执行一般由接入层完成。

(2) 核心层的所有设备应具备充分的可到达性。可到达性是指核心层设备具有足够的路由信息来转发去往网络中任意目的地的数据包,不应该使用默认的路径到达内部的目的地,默认路由用来到达外部的目的地,如 Internet 上的主机。

(3) 冗余设计保障核心层网络的可靠性。核心层网络可采用网状、部分网状或环形实现,这些结构各有其适用范围。

核心层的规模和配置随网络的大小而定。当网络规模较小,核心层可以只有一个路由器或三层交换机。该设备与汇聚层上的所有交换机或路由器相连,甚至可以将汇聚层功能包含在核心层中。这种网络的特性是容易管理,但扩展性不好,易存在单点故障。对于大型网络,使用由一组路由器或三层交换机链接的高速局域网,或一系列路由器组成的高速广域网链接形成一个核心层网络。用某个网络作为核心层,可将冗余加入核心层。

目前校园网或园区网核心层设备一般选择千兆多层以太网交换机,由千兆以太网交换机构成网络的骨干部分。千兆交换机还可以下连许多 VLA 千兆交换 VLAN 汇聚层交换机。

一般核心层设备采用高性能的交换网芯片及高性能的网络处理器芯片,要求有极高的系统吞吐量和背板容量,可支持多个千兆端口。

网络核心层设备的千兆交换机应具备以下功能:①高可靠性;②大容量、高密度;③线速转发性能;④具有二层、三层业务特性,支持 VLAN 转发、VLAN 聚合、端口捆绑、端口镜像;⑤完善的安全机制等。

2. 汇聚层网络结构设计

汇聚层是接入层和核心层之间的分界层,要支持丰富的功能和特性,要隔离接入结构的变化对核心层的冲击。通常汇聚层由路由器和三层交换机组成,负责聚合路由路径,收敛数据流量。汇聚层将接入层交换机的数据进行汇聚,通过高速接口将数据传输到核心层交换机或路由器上,起到承上启下的作用。主要有以下两个作用。

(1)将大量从接入层设备过来的低速链路通过高速链路接入核心层,实现通信量的聚合,以提高网络中聚合点的效率。

(2)可以实现接入层网络拓扑结构变化的隔离,减少核心层设备可选择的路由数量,增加网络的稳定性。

设计汇聚层时,应充分考虑以下几点。

① 汇聚层设备要有足够的带宽。

② 具有三层和多层交换特性。

③ 具有灵活多样的业务能力。

④ 必须具有冗余和负载均衡能力。

汇聚层设备要进行 VLAN 之间的通信,因此,一般为支持三层或三层以上的多层交换设备。汇聚层设备的多层以太网交换机应具有以下特点。

支持三层交换、对上链提供多种千兆端口(如 1Gbps 电口、1Gbps 多模光口等)、模块化组网、支持丰富的二层协议(如 VLAN、VLAN Trunk、端口镜像等)、完善的安全机制、丰富的 QoS 支持、实用方便的网管等。

3. 接入层网络结构设计

接入层使终端用户接入网络系统中,具有大量的端口,强大的接入能力,可实现丰富的业务。

接入层为用户提供网络的访问接口,是整个网络的对外可见部分,也是用户与网络的连接场所,它的主要作用是将本地用户的信息通过内部高速局域网、分组交换网或拨号接入等方式与汇聚层连接起来,实现网络流量的接入及访问。

由于接入层直接与用户打交道,而网络策略也是因用户的存在而存在的,所以在接入层实施网络策略效果是最好的。比如,在接入层可以用包过滤策略提供基本的安全性,保护局部网络免受网络内外的攻击等。

接入层可以采用配置较低的设备,比如,低档的路由器或交换机,其传输性能也不要求多强,但是要具有较强的执行网络策略的能力。通常接入层多采用二层交换机,一般应具有如下特点。

（1）提供各种不同数量的 100Mbps 端口到用户，提供 100Mbps 或 1Gbps（电口、光口）上行端口到上层交换机。

（2）高性能，低成本，所有端口支持全线速二层交换。

（3）支持标准以太网协议，支持丰富的业界标准，充分兼容现有网络设施。

（4）网络设备的可扩展性好，可平滑升级。

（5）支持丰富的业务特性，如 VLAN、VLAN Trunk、VLAN 聚合、端口镜像、安全特性等。

（6）方便实用的网管。

核心层的主要任务是交换数据包，汇聚层的主要任务是带宽聚合，而接入层的主要任务是实施网络策略。进行三层结构的设计时，还需要注意以下几点。

（1）核心层与汇聚层设备必须支持三层交换，且核心层设备在性能上要比汇聚层设备高一些。

（2）接入层设备需要支持 VLAN 的二层设备。

（3）尽可能选择同一个厂商的设备。

（4）并不是所有网络都要求完整的三层分级设计，有时也许一层或二层设计就能够满足网络的需求，此时可选择三层结构的变体形式。

（5）在任何情况下设计网络都应使网络保持分级结构，以便随着网络需求的增长可以将原来的一层或二层模型扩展为三层模型。

提示：如采用三层结构设计网络，在选择网络设备时可分别对各层选择网络设备，并且可选择不同厂家的设备，只需要满足该层的需求即可。但是，为了网络配置方便，尽可能选择同一个厂商的设备。

4. 网络冗余结构设计

网络冗余设计的基本思想是通过重复设置网络链路和互联设备来满足网络的可用性。冗余设计是提高网络可靠性最重要的方法。当网络中一条线路或某个设备出现故障时，有了冗余设计，数据通信可以照常进行。

冗余设计的手段是在网络中安装并行的、备用的组件，例如，路由器、核心交换机、电源、接入线路或传输骨干线路等。由此可见，冗余设计增加了网络建设的成本，也增加了网络拓扑结构和网络寻址的复杂性，因此要根据用户的可用性和可购买性方面的要求，选择冗余级别和冗余拓扑结构。

5. 冗余设计的基本原则

冗余设计可以提高网络的可靠性和稳定性，但也将带来额外的投资，因此在进行冗余设计时，需要根据用户的需求和投资规模，衡量获得的可靠性和必须付出的代价，选择恰当的备份技术，实现链路或设备的冗余备份。需要遵守的原则如下。

（1）备份花费的代价要远小于设备故障带来的损失。

（2）一般网络备份只考虑 N+1 备份，即关键的设备、链路、模块中任何一个出现故障，不会影响整个网络的运行。如果考虑多点备份，设备或链路投资和网络设计复杂性将大大增大。

（3）备份一般需要从多方面考虑，如网络拓扑结构、设备选择、协议选择等几个方面。

需要设计者对网络结构和网络产品、协议有较深的理解。

（4）备份不仅要从逻辑的角度来考虑问题，更需要从物理的角度考虑问题。

在不同的网络层次，备份程度要求不同。

在接入层，通常选择不具备关键模块冗余功能的设备，也不考虑双机备份或提供双链路级别上行的备份。

在汇聚层，通常选择具备关键模块冗余功能的设备，要考虑双机备份，提供双链路级别上行的备份，并且汇聚层设备之间考虑环形连接。

在核心层，通常选择具备电信级可靠性的设备，核心层设备之间考虑网状或部分网状连接。

6. 备用设备

同所有的其他设备一样，路由器、交换机及其他网络互联设备也会发生硬件故障。当发生诸如不能工作或严重失灵等故障时，采用双套设备的办法可以降低因该故障带来的负面影响。比较而言，核心层比汇聚层更需要备用设备，汇聚层比接入层更需要备用设备，因为前者比后者的作用更关键。

目前，许多设备生产厂商考虑了网络冗余的需要，在进行设备的设计和制造时已经提供了冗余的能力，例如设备中具有电源模块、主控模块、双 CPU 等关键器件的冗余。另外，重要的网络服务器也需要提供备用设备，通常采用的技术有双机热备份、群集服务器、RAID 硬盘等。

如图 1-3 所示，备用的核心交换机 A1 在核心交换机 A2 出现故障时，仍然能将来自汇聚层交换机 B2 的数据接收到核心层。

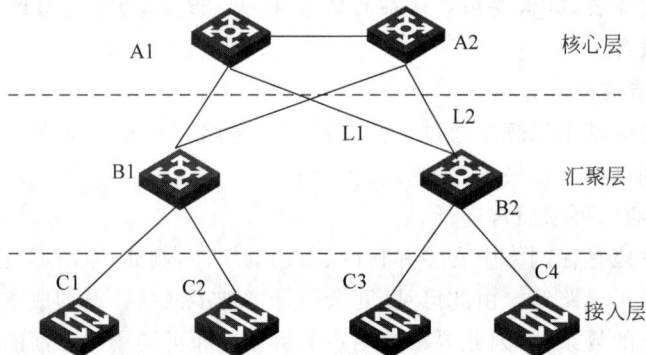

图 1-3　备用交换机结构

7. 备用链路

当网络中的某条主路径出现故障时，会影响网络的互联性，为了保持网络的畅通，冗余网络设计提供了备用链路的设计。备用链路是由路由器、交换机以及路由器与交换机之间的独立备用链路构成的，它是主路径上的设备与链路的重复设置。例如，图 1-3 中的 L1 和 L2 两条链路，当 L1 出现故障时，可以使用备用链路 L2 保证网络的互联。

链路备份有对称性备份和非对称性备份两种。

对称性备份链路设计方案所提供的带宽是相等的，备份设备或备份链路同时参与运营。如图 1-3 中，假设把 A2 看作备份设备，L2 看作备份链路，若采用对称性备份设计，A2 和 L2

都同时参与运营,L2 与 L1 的带宽也是相等的。但是存在这样一个问题:由于等值路由逐包转发造成的报文路径不同,导致上层协议报文重组需要部分等待时间,因此会造成效率下降。解决该问题的办法是尽量选择等值路由情况下逐"流"转发的设备,而不是逐"包"转发的设备。

非对称性备份链路设计方案中备份链路提供较小或相等的带宽,只在主链路出现故障时备份链路才生效。例如,图 1-3 中若采用非对称性备份链路设计方案,L2 可提供较小的带宽,在主链路 L1 和设备 A1 运行正常的情况下,备份链路 L2 可以不运行。如果希望备份链路或备份设备也投入运行,可通过策略路由或路由协议的规划使备份链路运行特定的部分业务流量。

8. 网络拓扑结构的绘制

网络拓扑结构图设计的好坏,能够直接关系到后面网络的具体部署、网络设备和软件系统等的选购,因此,不能随意应付。本节将介绍绘制网络拓扑结构图时的注意事项和绘制方法。

1) 绘制网络拓扑图时应注意以下几点。

(1) 选择合适的图符来表示设备。

(2) 线对不能交叉、串接,非线对尽量避免交叉。

(3) 终接处及芯线避免断线、短路。

(4) 主要的设备名称和商家名称要加以注明。

(5) 不同连接介质要使用不同的线型和颜色加以注明。

(6) 标明制图日期和制图人。

2) 网络拓扑图的绘制。

图元是网络拓扑结构图中的基本元素,如何获取这些基本图元是绘制一个美观的拓扑结构图的关键之一。

图元的获取途径有多种,最简单的方式就是自己平时在工作中积累,看到一个比较好的、符合通用标准的图元保存下来,如计算机、服务器、打印机、交换机、路由器和防火墙的基本元素图。如果遇到一些自己保存的元素图中没有的设备,可以用工具软件中的图形绘制工具自己绘制简单的图形,然后加以文字标注即可。还可以通过专门的绘制软件,如 Microsoft Visio、LAN MapShot 等直接获得。拓扑结构图的绘制软件较多,例如 AutoCAD、Microsoft Visio 和 LAN MapShot 等。

四、实践操作

根据学校的具体位置特点,学校分南、北两个校区,面积比较大,用的线也比较长,应该合理规划网络。学校的边界路由器上接有网通和教育网的线,学校有中心交换机在网络中心上,上面接有来自学校城北校区的光纤,网络总部在滨江学院本部校区,拓扑图中没有标识,整个校园网络结构如图 1-4 所示。

边界路由器后面设有防火墙,防火墙上的功能有可以限制未授权的用户进入内部网络,过滤不安全的服务和非法用户;防止入侵者接近网络防御设施;限制内部用户访问特殊站点。

为了解决安装防火墙后外部网络不能访问内部网络服务器的问题,设立了一个非安全系统与安全系统之间的缓冲区。这个缓冲区位于学校内部网络和外部网络之间的小网络区

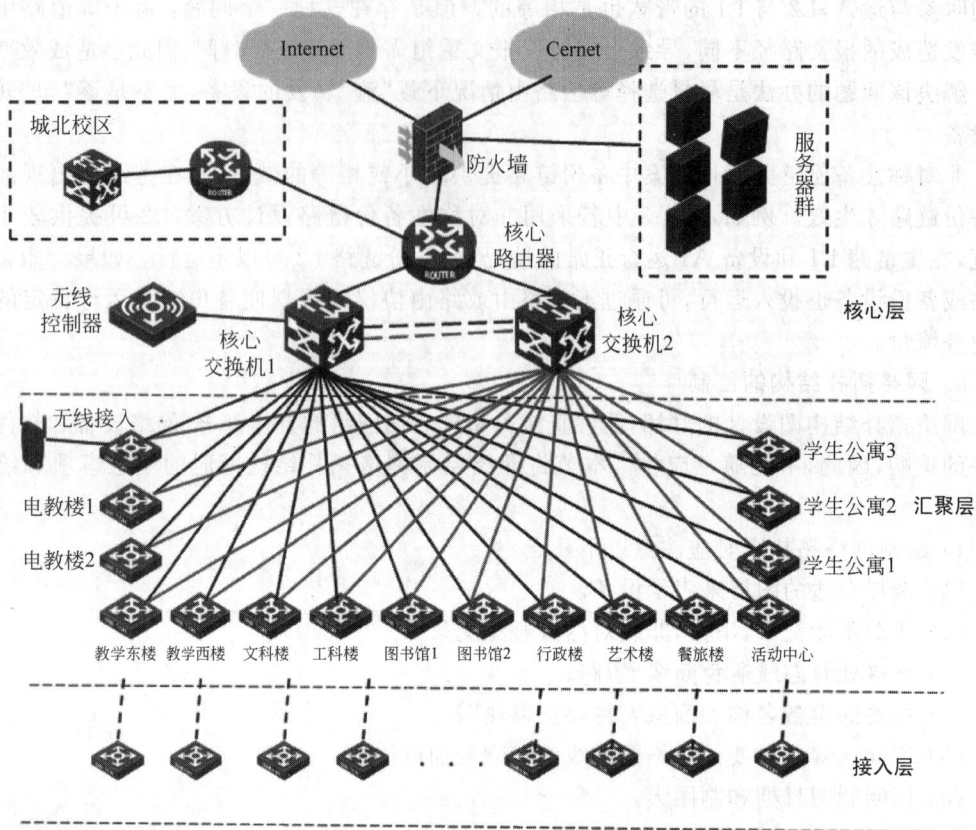

图 1-4 校园网络拓扑结构图

域内。在这个小网络区域内可以放置一些必须公开的服务器设施,如校内 Web 服务器、FTP 服务器和论坛等,这些服务器本身为堡垒主机。另一方面,通过这样一个 DMZ 区域,更加有效地保护了内部网络。因为这种网络部署,比起一般的防火墙方案,对攻击者来说又多了一道关卡。

防火墙后面也增加了一个路由器,主要功能是负责路由和转发。

在内部网络中,根据楼宇的多少来规划,中心交换机放在网络中心,各个楼中都设有交换机与楼内的计算机相连。

学校内设有无线接入点,笔记本电脑、手机、平板电脑在校内任何地点都可无线上网。

1)网络要求

(1)所有设备都必须连接在网络上,且使各服务器负载均衡,整个网络无性能瓶颈。

(2)各设备所连接交换机要适当,不要超过双绞线网段距离 100m 的限制。

(3)结构图中可清晰知道各主要设备所连接端口类型和传输介质。

2)设计思路

扩展星形网络要比小型星形网络结构复杂得多,在其中涉及的网络技术也复杂得多。下面介绍设计扩展星形网络结构的思路。

(1)采用自上而下的分层结构设计。

首先确定核心层交换机的连接,然后是汇聚层交换机的连接,再次是接入层交换机的连接。

（2）连接内部网络设备。

内部网络设备是指只为内部网络用户提供服务的设备，外部网络是不能够访问的。把关键设备连接在核心交换机上，如服务器、管理控制台、关键用户的工作站、防火墙、UPS等；把工作负荷相对较小的普通工作站用户连接在接入层交换机上。

（3）连接隔离区（DMZ 区）设备。

隔离区设备是指除了为内部网络提供服务外，还专门为外部网络用户提供服务的设备，如 WWW 服务器、E-mail 服务器、DNS 服务器等。把这些设备组成一个局域网或直接连接在防火墙上。

3）设计步骤

根据上面的设计思路，可以按以下的步骤进行网络结构设计。

（1）确定核心层交换机位置及主要设备连接

核心层位于网络中心，主校区采用 H3C S7503 路由交换机作为核心层设备，城北校区采用原有的 H3C S5516 三层交换机作为核心层设备。由于两个校区不在同一个城市，本例中的两台核心层交换机通过 MPLS VPN 技术进行互连。

（2）级联下级汇聚层交换机

在主校区，汇聚层按教学 1 区、教学 2 区、教学 3 区、图书馆、办公楼和学生宿舍楼等分布，在每个楼宇内放置 H3C S3528 三层交换机作为汇聚层交换机；城北校区按教学楼、实验楼和办公楼分布，每个楼内各自有一台三层交换机作为汇聚层交换机。在主校区，汇聚层交换机将各接入层交换机组建的局域网汇聚后通过光纤接入核心层交换机锐捷 S6506 的千兆位端口上，在链路方面，因为教学 2 区信息点多、流量大，可将光路增加为两路或多路，使用链路聚合技术增加上联带宽。

（3）级联接入层交换机

教学楼、办公楼、图书馆、宿舍楼等分别按楼层组建成一个局域网，将楼层内的所有网络设备连接到各楼层内的接入层交换机（采用二层交换机即可）上，然后将其接入楼宇内的汇聚层交换机上。在链路方面，主校区的教学 2 区因为信息点多、流量大，在接入层，二楼到四楼使用 H3C S3100 的千兆电口模块上联楼宇汇聚；一楼和五楼因信息点较少，可使用百兆上联汇聚。宿舍区，随网络流量的增多也可以作相应改造。

（4）与外部网络的连接

为了确保与外部网络之间的连接性能，通常与外部网络连接的防火墙或路由器是直接连接在核心交换机上的。如果同时有防火墙和路由器，则防火墙直接与核心交换机连接，而路由器直接与外部网络连接，因为路由器的广域网（WAN）端口比较丰富。

（5）安全设计

安全设计一般采用防火墙。防火墙是两种机制的结合体：一个机制是对流量进行阻塞；另一个机制是允许流量传输。在本校园网与 Internet 之间安装了防火墙，将既有公用数据发布又有专用数据需要保护的 WWW 服务器、DNS 服务器和 E-mail 服务器通过防火墙与校园网及 Internet 连接。这种连接方法，将 WWW 服务器、DNS 服务器、E-mail 服务器设置在一个隔离区中（也叫非军事区 DMZ），其网络地址与内部网络地址不同，作为内部网络与外部网络（Internet）之间的缓冲，在防火墙上，只向外网（Internet）告知到达隔离区网络的路由。此网络结构是一个典型中型校园网结构,但网络的冗余性较差。根据前面介绍的拓扑结构,若要提高该网络的可靠性,可在主校区网络的核心层再增加一台 H3C S7503 路由交换机作为备份设备,核心层设备与关键的汇聚层设备之间采用双星形拓扑结构连接,这样网络的可靠性将大大提高。

1.4 项目习题

1. 为什么需求分析在网络规划与设计中是非常重要的?

2. 需求分析的过程一般从哪些方面进行?

3. 将下面的需求按业务需求、用户需求、应用需求、计算设备需求和网络需求进行分类。

(1) 现有网络由 10Base-T 以太网和 FDDI 网段组成。

(2) 财务部门要求用防火墙保护其服务器。

(3) 远程会议要求最低 350Kbps 的流量。

(4) 每一接入网络应能够为 200 名公司用户提供服务。

(5) 数据库服务器必须运行××品牌的软件。

(6) 网络骨干应在 2 年内升级到 10Gbps 的流量。

(7) 用户可能会提交高达 30MB 大小的打印作业。

4. 假设某医院要对其局域网进行升级。设计一调查问卷,从医院管理层和医院员工那里收集需求。

项目二　IP 地址与 VLAN 规划

2.1　项 目 目 标

终极目标：

根据设计，对整个工程进行 IP 地址、VLAN 和 VLAN 间路由的设计与规划。

促成教学目标：

1. 掌握 IP 地址、子网掩码的概念。

2. 掌握在园区网划分网段和分配 IP 地址的方法和原则。

3. 掌握 VLAN 划分的相关原则。

4. 掌握 VLAN 划分的注意事项。

5. 掌握 VLAN 间路由的原理和作用。

6. 掌握实现 VLAN 间路由的方法。

2.2　项 目 任 务

1. 通过了解滨江学院网络的用户需求，分析各部门的主机所处的位置及数量。

2. 为各部门分配 IP 地址，形成表格。

3. 分析滨江学院网络分布情况，充分考虑各部分需要，提交一份 VLAN 规划报告，由表格形式体现。

4. 仔细分析 VLAN 规划情况，提出 VLAN 间路由解决方案及相应设计。

模块 1　IP 规划

一、教学目标

1. 掌握 IP 地址、子网掩码的概念。

2. 掌握在园区网划分网段和分配 IP 地址的方法和原则。

二、工作任务

1. 通过了解滨江学院网络的用户需求，分析各部门的主机所处的位置及数量。

2. 为各部门分配 IP 地址，形成表格。

三、相关知识点

1. 子网划分知识

1）子网划分基本概念

一般地，32 位的 IP 地址被分为两部分，即网络号和主机号。为提高 IP 地址的使用效率，子网编址的思想是将主机号部分进一步划分为子网号和主机号，即网络号＋子网号＋主机号。

在原来的 IP 地址模式中，网络号部分只标识一个独立的物理网络，而引入子网模式后，网络号部分加上子网号就能唯一地标识一个物理网络。子网编址使得 IP 地址具有一定的内部层次结构，这种层次结构便于 IP 地址分配和管理。它的使用关键在于选择合适的层次结构，如何既能适应各种现实的物理网络规模，又能充分地利用 IP 地址空间（从何处分隔子网号和主机号）。

在子网编址模式下，仅凭地址类别提取地址的网络号和主机号将是不正确的，而必须在路由表的每一个表目中加入子网掩码，于是子网编址模式下的路由表条目变为"｛目的网络地址，子网掩码，下一路由器地址｝"，这样可以用子网掩码的设置来区分不同的情况，使路由算法更为简单。子网号的位数是可变的，为了反映有多少位用于子网号，采用子网掩码来区分。二进制表示的掩码是一系列连续的"1"，紧跟着一系列连续的"0"。为"1"的部分代表网络号码，而为"0"的部分代表主机号码。以 10.0.0.1 为例，网络掩码 255.0.0.0，这样就把 IP 地址分成网络部分 10 和主机部分 0.0.1。于是，每个 A、B 和 C 类地址都有一个自然掩码，它是由每类地址的网络和主机部分的确切定义产生的掩码。可以根据掩码和 IP 地址计算出子网：子网号＝子网掩码与 IP 地址作逻辑"与"运算的结果。

2）可变长子网掩码（VLSM）

VLSM（Variable Length Subnet Mask，可变长子网掩码），这是一种产生不同大小子网的网络分配机制，指一个网络可以配置不同的掩码。开发可变长度子网掩码的想法就是在每个子网上保留足够的主机数的同时，把一个网分成多个子网时有更大的灵活性。如果没有 VLSM，一个子网掩码只能提供给一个网络。这样就限制了要求的子网数上的主机数。VLSM 技术对高效分配 IP 地址（较少浪费）以及减少路由表大小都起到了非常重要的作用。但是需要注意的是使用 VLSM 时，所采用的路由协议必须能够支持它，这些路由协议包括 RIP2、OSPF、EIGRP 和 BGP。

3）无类别编址（CIDR）

1992 年引入了 CIDR，它意味着在路由表层次的网络地址"类"的概念已经被取消，代之以"网络前缀"的概念。Internet 中的 CIDR（Classless Inter-Domain Routing，无类别域间路由）的基本思想是取消地址的分类结构，取而代之的是允许以可变长分界的方式分配网络数。它支持路由聚合，可限制 Internet 主干路由器中必要路由信息的增长。IP 地址中 A 类已经分配完毕，B 类也已经差不多了，剩下的 C 类地址已经成为大家瓜分的目标。显然对于一个国家、地区、组织来说分配到的地址最好是连续的，那么如何来保证这一点呢？于是提出了 CIDR 的概念。CIDR 中"无类别"的意思是现在的选路决策是基于整个 32 位 IP 地址的掩码操作，而不管其 IP 地址是 A 类、B 类或是 C 类，都没有什么区别。它的思想是：把许多C类地址合起来作B类地址分配。采用这种分配多个IP地址的方式,使其能够将路由表中的许多表项归并成更少的数目。

4)网络地址的转换(NAT)

为了减慢IP地址分配的进程,鉴别不同的连通需要,并有根据地分配IP地址是很重要的。大多数组织的连通需要可以分为以下类别:全球连通性和专用连通性(总体的或局部的)。全球连通性意味着组织内部的主机既能连通内部主机又能连通因特网主机。在这种情况下,主机必须配置组织内和组织外都可识别的全球唯一的IP地址,要求全球连通性的组织必须向其服务提供者申请IP地址。专用连通性意味着组织内部主机只能连通内部主机,不能连通因特网主机。专用主机需要一个组织内部唯一的IP地址,但没有必要在组织外也是唯一的。对于这种连通性,IANA为所谓的"专用因特网"保留了下列三块IP地址空间。

➤ 10.0.0.0 到 10.255.255.255(一个单独 A 类网络号码)。

➤ 172.16.0.0 到 172.31.255.255(16 个相邻的 B 类网络号)。

➤ 192.168.0.0 到 192.168.255.255(256 个相邻的 C 类网络号)。

企业可以不经IANA或因特网登记处的允许就从上述范围内选择自己的地址。取得专用IP地址的主机能和组织内部任何其他主机连接,但是如果不经过一个代理网关就不能和组织外的主机连接。这是因为离开公司的IP数据包将有一个源IP地址,它在公司外会被混淆,于是外部主机难以回答。因为多个建立专用网络的公司可以使用相同的IP地址,于是就可以少分配一些全球唯一的IP地址。

网络地址转换(NAT)是指在一个组织网络内部,根据需要可以使用私有的IP地址(不需要经过申请)。在组织内部,各计算机间通过私有IP地址进行通信,而当组织内部的计算机要与外部Internet网络进行通信时,具有NAT功能的设备负责将其私有IP地址转换为公有IP地址,即用该组织申请的合法IP地址进行通信。简单地说,NAT就是通过某种方式将IP地址进行转换。Cisco系统提出了这个办法,作为运行在其路由器上的Cisco互联网操作系统(ISO)TM软件的一部分。

NAT设置可以分为静态地址转换、动态地址转换、复用动态地址转换。

(1)静态地址转换。静态地址转换将内部本地地址与内部合法地址进行一对一的转换,且需要指定和哪个合法地址进行转换。如果内部网络有E-mail服务器或FTP服务器等可以为外部用户共用的服务,这些服务器的IP地址必须采用静态地址转换,以便外部用户可以使用这些服务。

(2)动态地址转换。动态地址转换也是将本地地址与内部合法地址一对一的转换,但是从内部合法地址池中动态地选择一个未使用的地址对内部本地地址进行转换。

(3)复用动态地址转换。复用动态地址转换首先是一种动态地址转换,但是它可以允许多个内部本地地址共用一个内部合法地址。只申请到少量IP地址但却经常同时有多于合法地址个数的用户上外部网络的情况,这种转换极为有用。

5)IP地址的规划原则与规划技巧

在网络工程设计中,IP地址的合理规划是一项不可忽视的环节,它直接影响着一个网络的质量,也标志着一个网络设计者的技术水平。

2．IP 地址的规划原则

网络设计者在网络设计时，应为用户的区域、网络、子网以及终端提供一个合理的 IP 地址规划方案，并满足网络的可扩展性要求。因此，在进行 IP 地址规划时应遵循以下几个原则。

1）管理便捷原则

地址的分配应该有层次，某个局部的变动不会影响上层、全局。对内部网络尽量采用 NAT 规定的私有 IP 地址。在选择地址时，要考虑网络的规模和可扩展性，便于各种安全策略、路由策略的选择和设置。

2）地域原则

以地域的方式进行地址规划是最常见的一种地址划分方式，一般用 IP 地址的高位来标识级别高的地域，低位用来标识级别低的地域。

3）业务原则

多种业务在同一个网络中传输，用地址中的某位来识别业务。

4）地址节省原则

对于 IP 地址资源稀缺的 Internet 来说，需要尽可能地合理利用每一个 IP 地址，而对于私地址的企业网来说，地址空间几乎是无限制的。为了节省公有 IP 地址，目前常采用的地址节省方式有地址转换、子网掩码两种方式。地址转换是内部网络使用私有 IP 地址，外部网络使用公有 IP 地址；子网掩码方式是利用子网掩码划分子网来节省 IP 地址空间。还要注意对选定的地址也需要进行节省，地址的节省和预留是网络扩展性的需要。因此，在 IP 地址划分时应本着以下准则。

（1）唯一性：一个 IP 网络中不能有两台主机采用相同的 IP 地址。

（2）简单性：地址分配应该简单，以避免在主干上采用复杂的子网掩码方式。

（3）连续性：为同一个网络区域分配连续的网络地址，便于进行路由聚合，这样会大大缩减路由表的规模，从而提高路由协议算法的执行效率。

（4）扩展性：为每一个网络区域预留 IP 地址空间，这样便于主机或设备数量增加时仍然能够保持地址的连续性，而不至于因 IP 地址不够分配导致大规模的更改设备的 IP 地址。

（5）实意性：好的 IP 地址规划使每个地址具有实际含义，当看到一个地址就可以大致判断出该地址所属的设备或地址类型。

（6）安全性：网络内应按工作内容划分成不同的子网，以便进行管理。IP 地址应由统一的网络中心分配使用。

3．IP 地址规划的技巧

1）公有 IP 地址分配

（1）私有地址不被 Internet 所识别，如果要接入 Internet，必须通过 NAT 协议将其转换为公有地址，在地址规划时，需要对以下设备分配公有 IP 地址。

（2）Internet 上的主机，例如网络中需要对 Internet 开放的 WWW 服务器、DNS 服务器、FTP 服务器、E-mail 服务器等。

（3）综合接入网的关口设备（例如通过路由器的广域网接口 S0 接入 Internet），需要使用公有 IP 地址才能连接 Internet。

（4）需要对外广播的路径上的设备。

2）Loopback 地址规划

为了方便管理，系统管理员通常会为每一台交换机或路由器创建一个 Loopback 接口，并在该接口上单独指定一个 IP 地址作为管理地址。

分配 Loopback 地址时，通常使用 32 位掩码的地址，最后一位是奇数的表示路由器，是偶数的表示交换机。越是核心的设备，Loopback 地址越小。

3）互联地址

互联地址指两台或多台网络设备相互连接的接口所需要的地址。规划互联地址时，通常使用 30 位掩码的地址。相对核心的设备，使用较小的一个地址。另外，互联地址通常要聚合后发布，在规划时要充分考虑使用连续的可聚合地址。

4）业务地址

业务地址是连接在以太网上的各种服务器、主机所使用的地址以及网关的地址。

业务地址规划内容主要包括：每个网段的 IP 地址范围的确定；确定静态 IP 地址用户各动态 IP 地址用户，根据网络应用范围、目的、形式的不同，可以采用静态 IP 地址和动态 IP 地址相结合的方式对企业内部网络进行管理。例如，对各领导办公室内的计算机、网络中的各种服务器等使用固定 IP 地址，一般员工则采用动态 IP 地址。如果采用动态 IP 地址，还需要配置 DHCP 服务器。

通常网络中各种服务器的 IP 地址使用主机号较小或较大的 IP 地址，所有的网关地址统一使用相同的末位数字，如.254 表示网关。

四、实践操作

1. 实践要求

根据本书项目一，我们已经得到滨江学院的网络拓扑图（如图 1-4 所示），请根据项目设计书要求，充分考虑网络信息点的分布和与各种应用服务的需要，对滨江学院的网络情况做合理规划，填写网络地址分配表，并为设备分配管理地址。

2. 实践分析

根据项目一已知滨江学院的网络设计中有 13 幢楼宇，其中有行政楼、图书馆、教学东楼、教学西楼、电教楼、文科楼、工科楼、艺术楼、餐旅楼、活动中心、学生公寓 1 号楼、学生公寓 2 号楼、学生公寓 3 号楼。因此划分的原则主要以各大楼为单位进行地址划分。另外内网的服务器、无线用户、连接城北校区的广域网地址、设备的管理地址和各大楼客户端的地址要考虑在内，这些都是内网的地址（根据地址数量可以考虑选择合适的网段）。对于外网的网段由 ISP 来分配，在本项目不再分析。

3. 操作步骤

1）用户 IP 地址规划

根据分析，滨江学院用户设备采用 192.168.0.0/16 的网段。为了保证网络的可扩展性，IP 地址数量在满足当前需求的前提下，预留 50% 的冗余量。具体分配如表 2-1 所示。

2）设备管理 IP 地址规划

设备管理 IP 地址路由器统一采用 Loopback0 接口配置地址，交换机统一采用 VLAN1 三层虚接口配置地址，网段为 192.168.254.0，掩码为 255.255.255.255，如表 2-2 所示。

表 2-1 滨江学院用户 IP 地址分配表

分 配 单 位	分 配 网 段	子 网 掩 码
行政楼	192.168.1.0	255.255.255.0
	192.168.2.0	255.255.255.0
图书馆 1	192.168.3.0	255.255.255.0
	192.168.4.0	255.255.255.0
图书馆 2	192.168.5.0	255.255.255.0
	192.168.6.0	255.255.255.0
电教楼 1	192.168.7.0	255.255.255.0
	192.168.8.0	255.255.255.0
	192.168.9.0	255.255.255.0
	192.168.10.0	255.255.255.0
	192.168.11.0	255.255.255.0
	192.168.12.0	255.255.255.0
	192.168.13.0	255.255.255.0
电教楼 2	192.168.14.0	255.255.255.0
	192.168.15.0	255.255.255.0
	192.168.16.0	255.255.255.0
	192.168.17.0	255.255.255.0
	192.168.18.0	255.255.255.0
	192.168.19.0	255.255.255.0
	192.168.20.0	255.255.255.0
教学东楼	192.168.21.0	255.255.255.0
	192.168.22.0	255.255.255.0
	192.168.23.0	255.255.255.0
	192.168.24.0	255.255.255.0
教学西楼	192.168.25.0	255.255.255.0
	192.168.26.0	255.255.255.0
	192.168.27.0	255.255.255.0
	192.168.28.0	255.255.255.0
文科楼	192.168.29.0	255.255.255.0
	192.168.30.0	255.255.255.0
工科楼	192.168.31.0	255.255.255.0
	192.168.32.0	255.255.255.0
艺术楼	192.168.33.0	255.255.255.0
	192.168.34.0	255.255.255.0
餐旅楼	192.168.35.0	255.255.255.0
	192.168.36.0	255.255.255.0
活动中心	192.168.37.0	255.255.255.0
	192.168.38.0	255.255.255.0

续表

分 配 单 位	分 配 网 段	子 网 掩 码
学生公寓 1 号楼	192.168.39.0	255.255.255.0
	192.168.40.0	255.255.255.0
	192.168.41.0	255.255.255.0
	192.168.42.0	255.255.255.0
	192.168.43.0	255.255.255.0
	192.168.44.0	255.255.255.0
	192.168.45.0	255.255.255.0
	192.168.46.0	255.255.255.0
学生公寓 2 号楼	192.168.47.0	255.255.255.0
	192.168.48.0	255.255.255.0
	192.168.49.0	255.255.255.0
	192.168.50.0	255.255.255.0
	192.168.51.0	255.255.255.0
	192.168.52.0	255.255.255.0
	192.168.53.0	255.255.255.0
	192.168.54.0	255.255.255.0
学生公寓 3 号楼	192.168.55.0	255.255.255.0
	192.168.56.0	255.255.255.0
	192.168.57.0	255.255.255.0
	192.168.58.0	255.255.255.0
	192.168.59.0	255.255.255.0
	192.168.60.0	255.255.255.0
	192.168.61.0	255.255.255.0
无线用户	192.168.62.0	255.255.255.0
	192.168.63.0	255.255.255.0
	192.168.64.0	255.255.255.0
	192.168.65.0	255.255.255.0
	192.168.66.0	255.255.255.0
	192.168.67.0	255.255.255.0
城北校区	192.168.68.0	255.255.255.0
	192.168.69.0	255.255.255.0
	192.168.70.0	255.255.255.0
	192.168.71.0	255.255.255.0
	192.168.72.0	255.255.255.0
	192.168.73.0	255.255.255.0
服务器	192.168.253.0	255.255.255.0
设备管理地址	192.168.254.0	255.255.255.0
路由器防火墙	192.168.252.0	255.255.255.252
广域网地址	192.168.200.0	255.255.255.0

表 2-2　滨江学院设备管理 IP 地址分配表

设 备 名 称	Device Name	分 配 地 址	子 网 掩 码
核心交换机 1	SW_CORE_1	192.168.254.1	255.255.255.255
核心交换机 2	SW_CORE_2	192.168.254.2	255.255.255.255
核心路由器	RT_CORE	192.168.254.3	255.255.255.255
防火墙	FW_CORE	192.168.254.4	255.255.255.255
行政楼交换机	SW_XINGZHENG	192.168.254.5	255.255.255.255
图书馆交换机 1	SW_TUSHUGUAN_1	192.168.254.6	255.255.255.255
图书馆交换机 2	SW_TUSHUGUAN_2	192.168.254.7	255.255.255.255
电教楼交换机 1	SW_DIANJIAO_1	192.168.254.8	255.255.255.255
电教楼交换机 2	SW_DIANJIAO_2	192.168.254.9	255.255.255.255
教学东楼交换机	SW_JIAOXUEDONG	192.168.254.10	255.255.255.255
教学西楼交换机	SW_JIAOXUEXI	192.168.254.11	255.255.255.255
文科楼交换机	SW_WENKE	192.168.254.12	255.255.255.255
工科楼交换机	SW_GONGNKE	192.168.254.13	255.255.255.255
艺术楼交换机	SW_YISHU	192.168.254.14	255.255.255.255
餐旅楼交换机	SW_CANLV	192.168.254.15	255.255.255.255
活动中心交换机	SW_HUODONGZHONGX	192.168.254.16	255.255.255.255
学生公寓 1 号楼交换机	SW_XUESHENGGONGYU_1	192.168.254.17	255.255.255.255
学生公寓 2 号楼交换机	SW_XUESHENGGONGYU_2	192.168.254.18	255.255.255.255
学生公寓 3 号楼交换机	SW_XUESHENGGONGYU_3	192.168.254.19	255.255.255.255
无线用户交换机	SW_WIRELESS	192.168.254.20	255.255.255.255
无线控制器	AC_CORE	192.168.254.21	255.255.255.255
城北校区接入路由器	RT_CHENGBEI	192.168.254.22	255.255.255.255
城北校区接入交换机	SW_CENGBEI	192.168.254.23	255.255.255.255

3）服务器 IP 地址规划

服务器采用网段为 192.168.253.0，掩码为 255.255.255.255。为了确保可靠性，每台服务器分配双 IP 地址，以备服务器双网卡冗余备份应用，如表 2-3 和表 2-4 所示。

表 2-3　滨江学院服务器 IP 地址分配表

服 务 器 名	分 配 地 址	子 网 掩 码
Web 服务器	192.168.253.1	255.255.255.0
	192.168.253.2	255.255.255.0
OA 服务器	192.168.253.3	255.255.255.0
	192.168.253.4	255.255.255.0
MAIL 服务器	192.168.253.5	255.255.255.0
	192.168.253.6	255.255.255.0
FTP 服务器	192.168.253.7	255.255.255.0
	192.168.253.8	255.255.255.0
DNS 服务器	192.168.253.9	255.255.255.0
	192.168.253.10	255.255.255.0
文件服务器	192.168.253.11	255.255.255.0
	192.168.253.12	255.255.255.0

表 2-4 核心设备 IP

设 备 名	分 配 地 址	子 网 掩 码	备 注
核心交换机 1	192.168.200.19	255.255.255.252	交换机与交换机互连
核心交换机 2	192.168.200.20	255.255.255.252	
核心交换机 1	192.168.200.6	255.255.255.252	交换机 1 与路由器互连
路由器	192.168.200.5	255.255.255.252	
核心交换机 2	192.168.200.10	255.255.255.252	交换机 2 与路由器互连
路由器	192.168.200.9	255.255.255.252	
路由器	192.168.200.2	255.255.255.252	路由器与防火墙互连
防火墙	192.168.200.1	255.255.255.252	
核心交换机 1	192.168.200.15	255.255.255.252	交换机 1 与无线交换机互连
无线交换机	192.168.200.16	255.255.255.252	

模块 2 VLAN 规划

一、教学目标

1. 掌握 VLAN 划分的相关原则。

2. 掌握 VLAN 划分的注意事项。

二、工作任务

分析滨江学院网络分布情况,充分考虑各部分需要,提交一份 VLAN 规划报告,由表格形式体现。

三、相关知识点

1. VLAN 基本概念

以太网交换的一个主要特征是虚拟局域网(VLAN)技术,它是一个聚集工作站和服务器的逻辑网络分组。流量被限制在一个 VLAN 中传输,交换机和网桥只能将单播帧、多播帧和广播帧在其所属的 VLAN 内部发送。也就是说,在第二层设备连接的网络中,一个主机只能够与同属一个 VLAN 中的主机完成通信,这样,一个交换式的网络工作起来就像是许多互不相连的单独的 LAN 一样。如果需要完成多个 VLAN 间的通信,则需要使用路由器来提供不同 VLAN 之间的连接通信。图 2-1 描述了网络划分的物理分段与逻辑分段。

VLAN 技术对交换式网络进行逻辑分段,它根据组织结构的功能、应用等因素将网络中的设备或用户来划分网络群体而无须考虑它们所在的物理位置。例如,一个特定工作组使用的所有工作站和服务器可以连接到同一个 VLAN 中,而无须考虑它们与网络的物理连接或它们的物理位置。

图 2-1 显示了在传统的局域网中工作站的物理分段和 VLAN 中工作站的逻辑分段。在 VLAN 的设计中,定义了跨越多台交换机的 3 个 VLAN,VLAN 之间则使用一台路由器完成连接。只需要通过软件而无须拔出和移动线缆或设备就可以对网络进行重新配置。

VLAN 从逻辑上将网络划分为不同的广播域,并且只能在同一个 VLAN 的交换机端口上进行数据分组的交换。就是说处于一个 VLAN 中的客户工作站通常被限制为只能访问处于同一个 VLAN 上的资源,如主机、文件服务器、网络打印机等。所以一个 VLAN 被

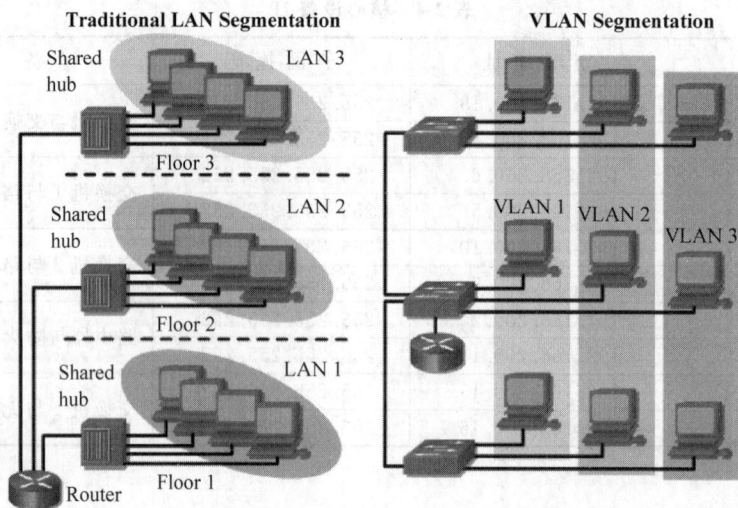

图 2-1 网络划分的物理分段与逻辑分段

看作一个使用一台或多台交换机连接的广播域。VLAN 由许多不同的终端设备构成,这包括主机及网络设备,这些主机或网络设备(例如网桥和路由器)被连接到一个单独的桥接域中。桥接域支持各种不同的网络设备,局域网交换机为每一个 VLAN 的独立网桥组运行桥接协议。

在局域网的环境中,VLAN 实际上提供了传统上由路由器提供的网络分段服务。VLAN 的实施增强了网络的可扩展性、安全性和可管理性。VLAN 拓扑结构中的路由器提供广播过滤、安全性和流量控制管理。局域网中的交换机一般情况下不转发 VLAN 之间的数据流量,因为这样会破坏 VLAN 广播域的完整性,而这些流量应该只能在 VLAN 间通过第三层设备进行路由。图 2-2 显示了一个基于公司不同工作组和楼层位置来设计的 VLAN。在这个例子中,为每个部门(工程部、市场部和会计部)定义一个 VLAN,它分布在 3 个不同物理位置的 3 台交换机上。

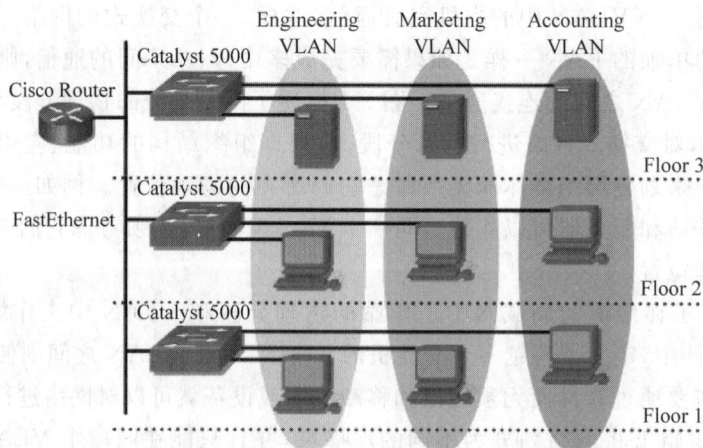

图 2-2 分布在不同楼层的 VLAN

VLAN 是一组网络设备和服务的集合,一个 VLAN 是由一台或多台交换机生成的一个广播域。路由器使得数据分组可以在广播域间进行路由,这些广播域就像使用独立的第 3 层的网段。通过路由器的一个或多个链路可以实现广播域间的连接。

局域网中交换机与集线器的一个主要区别是与集线器相连的所有设备都工作在相同的冲突域中,而在交换机连接的网段中,交换机的每个端口是一个单独的冲突域。默认情况下,交换机上的所有端口在相同的广播域中。然而交换机可以通过创建 VLAN 来分隔广播域。假设所有设备通过交换机互连,且没有第 3 层设备的限制,VLAN 将可以跨越交换机,而不受限于交换网络中物理边界。一个 VLAN 可以包含在一台交换机中或跨越多台交换机,网络中的交换机是将维持 VLAN 完整性的。例如,如果某一个 VLAN 中的一台主机产生了一个广播,所有交换机都会确认只有该 VLAN 中的其他设备会接收到广播,其他 VLAN 中的设备则不会,即使在跨越交换机时也是这样。

交换机与网桥的端口具有相同的功能,因此交换机也基本上被认为是多端口的网桥。一般情况下,网桥将过滤那些流向非目标网段的流量。如果一个帧需要穿过网桥,并且网桥知道该帧目标设备所在的端口,那么网桥将会把这个帧转发到正确的端口而不会转发到其他别的端口上;如果网桥或交换机不知道目的地在哪里,它将会把该帧扩散到广播域中 (VLAN)除源端口外的所有端口。

在 VLAN 的实施中,每个 VLAN 都应该被分配一个唯一的第 3 层网络或子网地址,这样可以通过路由器在 VLAN 间交换分组。而在交换机中可配置的 VLAN 的数目依据不同的因素可能会变化很大,这些因素包括流量模式、应用程序的类型、网络管理的需要以及组的共同特点。

2. VLAN 帧标识

在由多台交换机构成的 VLAN 中,数据帧在发送到交换机间的链路上之前,帧的头会被封装或者改变并加入 VLAN ID 信息,以标识出此数据帧来自某个 VLAN,这个数据帧将基于 VLAN ID 和 MAC 地址被转发到适当的交换机或路由器中。该数据帧在到达目标设备前,帧头中的 VLAN ID 的信息将被移除,还原帧格式后交换和转发到终端设备。

数据帧标识提供了一个控制广播和应用程序流量的机制。目前存在着多种数据帧标识的方法,主要包括 IEEE 802.1Q、ISL、FDDI 802.10 和 LANE。

1) IEEE 802.1Q 帧标记

IEEE 802.1Q 是由电气电子工程学会(IEEE)制定的一个开放标准的 VLAN 标识,是用来标识 VLAN 帧的一种标准方法,它通过修改数据帧,在帧的头部插入 VLAN 标识符来标记 VLAN,这个过程称为帧标记。主机能够读取没有标记的帧,但是不能读取其他帧。在不同厂商的交换机之间交换 VLAN 的信息时,IEEE 802.1Q 是优先选择的帧标记方法。Catalyst 2950 交换机不再支持 ISL 中继,只支持 IEEE 802.1Q 帧标识。路由器上也支持此类型的帧标识。

2) ISL 帧标识

交换机间链路是 Cisco 专用的封装协议,用于维持 VLAN 的信息在交换机或路由器之间传输流量,它用来互连多台交换机,并且在交换机和路由器上都支持。目前已经逐渐被 IEEE 802.1Q 标准的帧标识所替代。

Catalyst 系列交换机使用的 ISL 帧标记是一种低延迟的机制,它把来自于多个 VLAN

的流量复用到一条单独的物理路径上。它应用于交换机、路由器以及使用在诸如服务器之类的节点上的网络接口卡之间的连接。为了支持 ISL 特性,每一台连接的设备都必须配置了 ISL。已经配置了 ISL 的路由器可以用来实现 VLAN 之间的通信,如果 ISL 帧的报头加上数据帧的大小超过了最大传输单元(MTU),则当一个非 ISL 设备接收到这个 ISL 封装的以太网帧后,也许会把它认为是协议错误的帧。管理员利用生成树协议(STP),采用 ISL 帧标记来维护冗余连接和并行链路间的负载均衡。

四、实践操作

1. 实践要求

根据模块 1 的要求正确分配了 IP 地址后,由于管理上考虑要求划分 VLAN,请根据管理要求将滨江学院网段划分为相应的 VLAN,要求划分考虑简便易管理的原则。

2. 实践分析

根据模块 1 已知条件,划分 VLAN 的原则还是以各大楼为单位来进行地址划分,这样就兼顾了简便易管理的原则,另外内网的服务器、无线用户、设备的管理地址和各大楼客户端的地址要单独划分 VLAN。

3. 操作步骤

根据分析,对滨江学院的 VLAN 具体分配如表 2-5 所示。其中设备管理地址划分定为 VLAN 1,这样便于管理。由于滨江学院核心交换机采用双机冗余设计,运行的协议为 VRRP(Virtual Router Redundancy Protocol,虚拟路由器冗余协议),因此每个用户 VLAN 的网关为 VRRP 虚拟地址。VRRP 相关内容在后续章节中介绍。

表 2-5　滨江学院 VLAN 分配表

分 配 单 位	VLAN NAME	VLAN ID	分 配 网 段	虚拟网关地址
行政楼	XINGZHENG_1	101	192.168.1.0	192.168.1.254
	XINGZHENG_2	102	192.168.2.0	192.168.2.254
图书馆 1	TUSHUGUAN1_1	103	192.168.3.0	192.168.3.254
	TUSHUGUAN1_2	104	192.168.4.0	192.168.4.254
图书馆 2	TUSHUGUAN2_1	105	192.168.5.0	192.168.5.254
	TUSHUGUAN2_2	106	192.168.6.0	192.168.6.254
电教楼 1	DIANJIAO1_1	107	192.168.7.0	192.168.7.254
	DIANJIAO1_2	108	192.168.8.0	192.168.8.254
	DIANJIAO1_3	109	192.168.9.0	192.168.9.254
	DIANJIAO1_4	110	192.168.10.0	192.168.10.254
	DIANJIAO1_5	111	192.168.11.0	192.168.11.254
	DIANJIAO1_6	112	192.168.12.0	192.168.12.254
	DIANJIAO1_7	113	192.168.13.0	192.168.13.254
电教楼 2	DIANJIAO2_1	114	192.168.14.0	192.168.14.254
	DIANJIAO2_2	115	192.168.15.0	192.168.15.254
	DIANJIAO2_3	116	192.168.16.0	192.168.16.254
	DIANJIAO2_4	117	192.168.17.0	192.168.17.254
	DIANJIAO2_5	118	192.168.18.0	192.168.18.254
	DIANJIAO2_6	119	192.168.19.0	192.168.19.254
	DIANJIAO2_7	120	192.168.20.0	192.168.20.254

续表

分配单位	VLAN NAME	VLAN ID	分配网段	虚拟网关地址
教学东楼	JIAOXUEDONG_1	121	192.168.21.0	192.168.21.254
	JIAOXUEDONG_2	122	192.168.22.0	192.168.22.254
	JIAOXUEDONG_3	123	192.168.23.0	192.168.23.254
	JIAOXUEDONG_4	124	192.168.24.0	192.168.24.254
教学西楼	JIAOXUEXI_1	125	192.168.25.0	192.168.25.254
	JIAOXUEXI_2	126	192.168.26.0	192.168.26.254
	JIAOXUEXI_3	127	192.168.27.0	192.168.27.254
	JIAOXUEXI_4	128	192.168.28.0	192.168.28.254
文科楼	WENKE_1	129	192.168.29.0	192.168.29.254
	WENKE_2	130	192.168.30.0	192.168.30.254
工科楼	GONGKE_1	131	192.168.31.0	192.168.31.254
	GONGKE_2	132	192.168.32.0	192.168.32 254
艺术楼	YISHU_1	133	192.168.33.0	192.168.33.254
	YISHU_2	134	192.168.34.0	192.168.34.254
餐旅楼	CANLV_1	135	192.168.35.0	192.168.35.254
	CANLV_2	136	192.168.36.0	192.168.36.254
活动中心	HUODONG_1	137	192.168.37.0	192.168.37.254
	HUODONG_2	138	192.168.38.0	192.168.38.254
学生公寓1号楼	GONGYU1_1	139	192.168.39.0	192.168.39.254
	GONGYU1_2	140	192.168.40.0	192.168.40.254
	GONGYU1_3	141	192.168.41.0	192.168.41.254
	GONGYU1_4	142	192.168.42.0	192.168.42.254
	GONGYU1_5	143	192.168.43.0	192.168.43.254
	GONGYU1_6	144	192.168.44.0	192.168.44.254
	GONGYU1_7	145	192.168.45.0	192.168.45.254
	GONGYU1_8	146	192.168.46.0	192.168.46.254
学生公寓2号楼	GONGYU2_1	147	192.168.47.0	192.168.47.254
	GONGYU2_2	148	192.168.48.0	192.168.48.254
	GONGYU2_3	149	192.168.49.0	192.168.49.254
	GONGYU2_4	150	192.168.50.0	192.168.50.254
	GONGYU2_5	151	192.168.51.0	192.168.51.254
	GONGYU2_6	152	192.168.52.0	192.168.52.254
	GONGYU2_7	153	192.168.53.0	192.168.53.254
	GONGYU2_8	154	192.168.54.0	192.168.54.254
学生公寓3号楼	GONGYU3_1	155	192.168.55.0	192.168.55.254
	GONGYU3_2	156	192.168.56.0	192.168.56.254
	GONGYU3_3	157	192.168.57.0	192.168.57.254
	GONGYU3_4	158	192.168.58.0	192.168.58.254
	GONGYU3_5	159	192.168.59.0	192.168.59.254
	GONGYU3_6	160	192.168.60.0	192.168.60.254
	GONGYU3_7	161	192.168.61.0	192.168.61.254

续表

分配单位	VLAN NAME	VLAN ID	分 配 网 段	虚拟网关地址
	WIRELESS_1	162	192.168.62.0	192.168.62.254
	WIRELESS_2	163	192.168.63.0	192.168.63.254
无线用户	WIRELESS_3	164	192.168.64.0	192.168.64.254
	WIRELESS_4	165	192.168.65.0	192.168.65.254
	WIRELESS_5	166	192.168.66.0	192.168.66.254
	WIRELESS_6	167	192.168.67.0	192.168.67.254
	CHENGBEI_1	168	192.168.68.0	192.168.68.254
	CHENGBEI_2	169	192.168.69.0	192.168.69.254
城北校区	CHENGBEI_3	170	192.168.70.0	192.168.70.254
	CHENGBEI_4	171	192.168.71.0	192.168.71.254
	CHENGBEI_5	172	192.168.72.0	192.168.72.254
	CHENGBEI_6	173	192.168.73.0	192.168.73.254
设备管理 VLAN	ADMIN_1	1	192.168.254.0	192.168.254.254

模块3　VLAN 间路由设计

一、教学目标

1. 掌握 VLAN 间路由的原理的作用。

2. 掌握实现 VLAN 间路由的方法。

二、工作任务

仔细分析 VLAN 规划情况,提出 VLAN 间路由解决方案及相应设计。

三、相关知识点

1. VLAN 间路由基本概念

VLAN 间的连通性能够通过逻辑或物理连接实现。逻辑连接包括交换机到路由器的一条单独连接或中继线,该中继线能够支持多个 VLAN。这种拓扑被称为"单臂路由器"(router on a stick),因为到路由器只有一个单独的连接,但是路由器和交换机之间有多个逻辑连接,如图 2-3 所示。

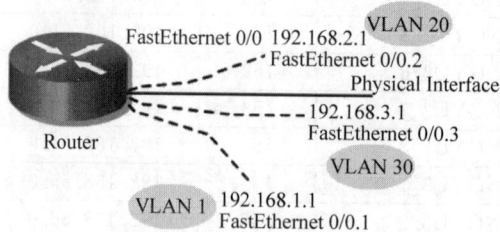

图 2-3　单臂路由

注意:一般而言,在没有其他办法时,用"单臂路由器"作为 VLAN 间路由选择的方法是最合适的。这并不是说"单臂路由器"设计是一种不好的选择;它只是反映了其他选择能提供更高的吞吐量和功能。并且,因为"单臂路由器"技术用在路由器处于网络边缘(至少连接到第2层网络)的情况下,因此它与园区网的其他部分结合得不太紧。

从交换机到路由器逻辑连接包含一个单一的连接或中继,而中继支持多个VLAN,因为只有一个单一地连接到路由器,但是,在路由器和交换机之间的单一链路上有多个逻辑的连接,路由器可以在逻辑连接的多个VLAN间路由,所以这种拓扑被称为"单臂路由"。

在传统情况下,一个具有3个VLAN的网络在交换机和外部路由器之间需要3个物理连接。随着网络中VLAN数量的增加,每个VLAN使用一个路由器接口的物理方法很快变得不可扩展。而将路由器的快速以太网接口划分为不同的子接口,使用每个子接口代替物理接口连接交换机中的每一个VLAN,它的主要优点是可以节省路由器和交换机端口。不仅节省设备成本,还可以减少配置的复杂性。因此,用中继线连接路由器的方法比每个VLAN一条链路的设计能扩展到更多数量VLAN。

路由器子接口是一个物理接口(如路由器上的快速以太网接口)上的一个逻辑接口。单个物理接口上可以划分很多个子接口。每个子接口支持一个VLAN,并被分配一个IP地址。为了使同一个VLAN上多台设备进行通信,同一个VLAN中所有设备的IP地址必须在同一个网络或子网中。为每个VLAN创建一个子接口,并连接到相应的子网,就可以使用路器的路由功能来完成不同VLAN间的路由。

2. VLAN间路由协议的选择

一般路由器支持多种路由选择协议,例如静态路由、RIP、IGRP、RIPv2、EIGRP、OSPF和BGP等。这些路由选择协议可分为有类路由选择协议和无类路由选择协议。

1) 有类路由选择协议

一般把路由信息协议(RIP)和内部网关路由选择协议(IGRP)等称为有类路由协议。在有类路由选择协议中,只在路由器之间传送路由和它的度量值,对每个转发报文,路由器从报文中取出目的地址,各路由器通过下面2种方法判定目的地网络掩码。

(1) 如果有一个接口连到目的地网络,则使用此接口的网络掩码。隶属网络的所有子网的大小必须相同。

(2) 否则,使用对应目的地址类的网络掩码。A类网络使用8位掩码,B类网络使用16位掩码,C类网络使用24位掩码。

根据设置掩码的规则,除去目的地址中的"局部操纵"位,在路由选择表中查寻产生的网络地址,转发报文。因为路由选择基于IP地址类(有A类、B类、C类和D类4类)或与之相连的网络接口来决定远端网络使用的掩码,从而决定目的地的网络地址,故此类路由选择协议被称为有类路由选择协议。

2) 无类路由选择协议

RIPv2、EIGRP、OSPF和BGP等是一些比较新的路由选择协议,它们在路由更新过程中,将网络掩码与路径一起广播出去,这时网络掩码也称为前缀屏蔽或前缀。例如,如果C类IP地址192.168.1.0的网络掩码为255.255.255.0,可标识为192.168.1.0/24。由于在路由器之间传送掩码(前缀),因而没有必要判断地址类型和默认掩码,这就是无类地址及无类路由选择,也是目前Internet上所基于的路由选择协议。

在无类路由中,IP地址之间不再有类型差别,如A类地址、B类地址或C类地址等之分。所有地址都由前缀来决定用于网络标识的位数,IP 地址不再归属于某一个类,取而代之的是将它们看作一个地址和掩码对。通过使用无类路由,用户可以更充分地利用已有的 IP 地址空间,从而避免浪费宝贵的 IP 地址资源。另外,新的 IP 编址标准 IPv6 也使用无类路由协议,通过使用无类路由,有助于向下一代 IP 协议过渡。更为重要的是,通过使用无类路由协议,用户在子网化时非常方便,尤其是可以使用可变长子网掩码(VLSM)进行子网化。

四、实践操作

1. 实践要求

根据模块 1 的分配结果,考虑全网段 VLAN 划分在不同的区域,为了使得 VLAN 之间能够互相访问,现在考虑设计 VLAN 间路由,请实现该要求。

2. 实践分析

要实现 VLAN 间路由,可能考虑在三层核心交换上启用三层路由功能,或者考虑在三层核心交换机上配置虚拟 VLAN 接口(交换机之间级联采用 TRUNK 中继链路,这样可以允许不同 VLAN 顺利通过),这需要在交换机上为每个 VLAN 设置默认网关。

3. 操作步骤

根据分析,采用虚拟 VLAN 接口的方法,为每个 VLAN 设置默认网关,设置结果如表 2-6 所示。

表 2-6　滨江学院三层 VLAN 地址分配表

VLAN ID	分 配 网 段	虚 拟 网 关 地 址	子 网 掩 码
101	192.168.1.0	192.168.1.254	255.255.255.0
102	192.168.2.0	192.168.2.254	255.255.255.0
103	192.168.3.0	192.168.3.254	255.255.255.0
104	192.168.4.0	192.168.4.254	255.255.255.0
105	192.168.5.0	192.168.5.254	255.255.255.0
106	192.168.6.0	192.168.6.254	255.255.255.0
107	192.168.7.0	192.168.7.254	255.255.255.0
108	192.168.8.0	192.168.8.254	255.255.255.0
109	192.168.9.0	192.168.9.254	255.255.255.0
110	192.168.10.0	192.168.10 254	255.255.255.0
111	192.168.11.0	192.168.11.254	255.255.255.0
112	192.168.12.0	192.168.12.254	255.255.255.0
113	192.168.13.0	192.168.13.254	255.255.255.0
114	192.168.14.0	192.168.14.254	255.255.255.0
115	192.168.15.0	192.168.15.254	255.255.255.0
116	192.168.16.0	192.168.16.254	255.255.255.0
117	192.168.17.0	192.168.17.254	255.255.255.0
118	192.168.18.0	192.168.18.254	255.255.255.0

续表

VLAN ID	分 配 网 段	虚拟网关地址	子 网 掩 码
119	192.168.19.0	192.168.19.254	255.255.255.0
120	192.168.20.0	192.168.20.254	255.255.255.0
121	192.168.21.0	192.168.21.254	255.255.255.0
122	192.168.22.0	192.168.22.254	255.255.255.0
123	192.168.23.0	192.168.23.254	255.255.255.0
124	192.168.24.0	192.168.24.254	255.255.255.0
125	192.168.25.0	192.168.25.254	255.255.255.0
126	192.168.26.0	192.168.26.254	255.255.255.0
127	192.168.27.0	192.168.27.254	255.255.255.0
128	192.168.28.0	192.168.28.254	255.255.255.0
129	192.168.29.0	192.168.29.254	255.255.255.0
130	192.168.30.0	192.168.30.254	255.255.255.0
131	192.168.31.0	192.168.31.254	255.255.255.0
132	192.168.32.0	192.168.32.254	255.255.255.0
133	192.168.33.0	192.168.33.254	255.255.255.0
134	192.168.34.0	192.168.34.254	255.255.255.0
135	192.168.35.0	192.168.35.254	255.255.255.0
136	192.168.36.0	192.168.36.254	255.255.255.0
137	192.168.37.0	192.168.37.254	255.255.255.0
138	192.168.38.0	192.168.38.254	255.255.255.0
139	192.168.39.0	192.168.39.254	255.255.255.0
140	192.168.40.0	192.168.40.254	255.255.255.0
141	192.168.41.0	192.168.41.254	255.255.255.0
142	192.168.42.0	192.168.42.254	255.255.255.0
143	192.168.43.0	192.168.43.254	255.255.255.0
144	192.168.44.0	192.168.44.254	255.255.255.0
145	192.168.45.0	192.168.45.254	255.255.255.0
146	192.168.46.0	192.168.46.254	255.255.255.0
147	192.168.47.0	192.168.47.254	255.255.255.0
148	192.168.48.0	192.168.48.254	255.255.255.0
149	192.168.49.0	192.168.49.254	255.255.255.0
150	192.168.50.0	192.168.50.254	255.255.255.0
151	192.168.51.0	192.168.51.254	255.255.255.0
152	192.168.52.0	192.168.52.254	255.255.255.0
153	192.168.53.0	192.168.53.254	255.255.255.0
154	192.168.54.0	192.168.54.254	255.255.255.0

VLAN ID	分 配 网 段	虚拟网关地址	子 网 掩 码
155	192.168.55.0	192.168.55.254	255.255.255.0
156	192.168.56.0	192.168.56.254	255.255.255.0
157	192.168.57.0	192.168.57.254	255.255.255.0
158	192.168.58.0	192.168.58.254	255.255.255.0
159	192.168.59.0	192.168.59.254	255.255.255.0
160	192.168.60.0	192.168.60.254	255.255.255.0
161	192.168.61.0	192.168.61.254	255.255.255.0
162	192.168.62.0	192.168.62.254	255.255.255.0
163	192.168.63.0	192.168.63.254	255.255.255.0
164	192.168.64.0	192.168.64.254	255.255.255.0
165	192.168.65.0	192.168.65.254	255.255.255.0
166	192.168.66.0	192.168.66.254	255.255.255.0
167	192.168.67.0	192.168.67.254	255.255.255.0
168	192.168.68.0	192.168.68.254	255.255.255.0
169	192.168.69.0	192.168.69.254	255.255.255.0
170	192.168.70.0	192.168.70.254	255.255.255.0
171	192.168.71.0	192.168.71.254	255.255.255.0
172	192.168.72.0	192.168.72.254	255.255.255.0
173	192.168.73.0	192.168.73.254	255.255.255.0

2.3 项 目 小 结

IP 地址规划与分配是大型网络建设的基础工作,处理好了能够大大方便使用与管理,反之会影响整个网络的正常运行。本项目进行了 IP 地址知识、规划、VLAN 的原理、VLAN 间路由等知识进行了介绍,结合实例进行了以上技能的训练。

2.4 项 目 习 题

本项目完成的是滨江学院的 IP 地址规划,请思考以下两个问题并回答。

(1) 模块 1 中的图 2-1 的分布层交换机需要划分 VLAN 吗? 为什么?

(2) 由于篇幅关系,关于具体设备的管理地址分配情况没有在模块 1 中出现,但是在实际工程中这个又非常重要,请考虑为每个设备分配管理地址,并填写表 2-7(表格不够可加长)。

表　2-7

设 备 位 置	设备名称	管理地址	子网掩码
行政楼			
图书馆			
实训楼			
综合楼			
教学楼			
体育馆			
学生食堂			
学生公寓 1 号楼南楼			
学生公寓 1 号楼北楼			
学生公寓 2 号楼南楼			
学生公寓 2 号楼北楼			
学生公寓 3 号楼南楼			
学生公寓 3 号楼北楼			
无线设备			
中心机房			

项目三　网络设备选型

3.1　项 目 目 标

终极目标：
根据设计以及产品市场情况，选择合适的网络设备。

促成教学目标：
1. 掌握组网中需要的各种网络设备的用途。
2. 掌握交换机、路由器设备关键指标。
3. 掌握网络设备的选型要领。
4. 掌握防火墙的选型要领。

3.2　项 目 任 务

1. 掌握各种网络设备选择的关键指标。
2. 为滨江学院的网络建设选择合适的网络设备。
3. 了解当前网络主流网络设备的情况。

3.3　项 目 实 施

模块 1　服务器选型

一、教学目标

1. 掌握服务器的选型要领。
2. 掌握为项目选择合适的服务器。

二、工作任务

1. 根据服务器选型要领能及当前主流服务器的类型选择合适的服务器。
2. 为各部门选择好相应的服务器。

三、相关知识点

服务器是提供网络应用服务的关键设备，工作在 OSI 模型的应用层，也是网络系统中最贵重的设备，加上配置的操作系统和应用软件，总费用通常要占到整个网络工程项目投资的 1/3 以上,其重要性不言而喻。因此,服务器的选型往往是网络设备选型与配置阶段首先需要解决的问题。

1. 服务器的用途

服务器在网络系统中有三大用途,具体归纳如下。

(1) 承载并运行 UNIX、Linux、Windows Server 等网络操作系统,形成相应的网络环境平台、网络数据处理和信息管理中心。

(2) 运行各种网络应用服务软件,构成相应的网络应用服务器,提供各种网络应用服务,如通用的 Web 服务、应用代理服务、FTP 服务、E-mail 服务、办公服务,以及专用的业务管理、数据库管理、多媒体通信,企、事业单位所用的财务系统、人事管理系统、计算机辅助设计 CAD、计算机辅助制造 CAM、企业资源管理 ERP 等。

(3) 对各种网络资源、网络客户、网络通信、网络操作等进行有效的管理。

2. 服务器的类型及品牌

1) 服务器的类型

按照构架、外形、性能和价格的不同,服务器的分类的方法有多种。

根据服务器 CPU 架构的不同,通常分为复杂指令集 CISC 架构服务器、精简指令集 RISC 架构服务器、精确并行指令集 EPIC 架构服务器。其中,CISC 架构服务器主要是采用了 32 位或 64 位及其兼容的 CPU,如 Intel 的 Pentium(奔腾)和 XEON(至强)系列、AMD 的 Opteron9(皓龙)系列 CPU;RISC 构架服务器主要是采用了非 Intel 构架的 64 位 CPU,如 IBM 的 Power 系列、HP 的 PA-RISC 系列、Sun 的 Ultra SPARC 系列 CPU;EPIC 构架服务器主要采用了 64 位 Intel 的 Itanium(安腾)系列 CPU。

按性能和价格的档次不同,通常可分为低端服务器、中端服务器、高端服务器。其中,低端服务器采用 CISC 构架,拥有一个单核或多核的奔腾、至强、皓龙等系列的 CPU,适合运行 Windows Server、Linux 操作系统,价格一般为几千元至一万多元;中端服务器主要采用 CISC 构架,拥有 1~2 个多核的至强、皓龙等系列的 CPU,适合运行 Windows Server、Linux、Unix 操作系统,价格为两万元至五万元;高端服务器采用 RISC 或 EPIC 构架,拥有多个多核的 Power、SPARC、PA-RISC、安腾等系列的 CPU,适合运行 Windows Server、Linux、UNIX 操作系统,价格为五万元至几十万元,甚至上百万元。

此外,还可将服务器分为入门级、工作组级、部门级、企业级四种。其中,入门级服务器为一万元以下的低端服务器;工作组级服务器为一万元至两万元的中低端服务器;部门级服务器为两万元至五万元的中高端服务器;企业级服务器为五万元以上的高端服务器。

根据服务器外形结构的不同,通常分为台式服务器、机架式服务器、刀片式服务器、机柜式服务器,如图 3-1 所示。

不同形态的服务器,其性能和应用场合也有所不同。

(1) 台式服务器又称塔式服务器,外形结构与普通的台式 PC 相似。台式服务器产品有低端、中端、高端不同的档次,不过以中、低端的服务器居多。台式服务器的优点是机箱内部空间较大,可根据应用需求对服务器的配置进行扩充或更换,灵活性、扩展性很强,维护方便。在同一档次的产品中,除机架式服务器之外,台式服务器的价格比其他形态服务器要低;缺点是不利于服务器的集中管理和集群应用。台式服务器适合机房空间宽松的网络环境应用。

(a) 台式服务器　　　　　　(b) 机架式服务器

(c) 刀片式服务器　　　　　　(d) 机柜式服务器

图 3-1　各种服务器外形结构

　　机架式服务器是一种镶嵌在标准机架内的服务器,产品的标准宽度均为 19 英寸,高度以 U 为单位(1U=1.75 英寸)随档次的不同有 1U、2U、3U、4U、SU、7U 等几种。通常 1U、2U 以低端服务器为主,3U、4U 以中端服务器居多,SU、7U 大多为中、高端服务器。机架式服务器的优点是节省空间,便于密集部署、集群应用和统一管理;缺点是机箱内部的空间较小,对散热不利,扩展性、灵活性以及维护的便利性十分有限。除台式服务器之外,机架式服务器的价格比的其他服务器要低。机架式服务器适用于机房空间紧凑、服务业务相对固定的网络环境应用。

　　(2) 刀片式服务器是一种新型的、专门为高密度计算和集群服务应用而设计的紧凑型服务器。一台刀片式服务器由若干块竖立插入的"刀片状"系统母板构成,每一块刀片既是一个可独立应用的服务器,又可以根据需要在系统软件的支配下集合成一个高密度、高可用、低成本的服务器集群,用于高密度计算和数据处理。刀片式服务器的优点是运算速度快,性能价格比高,节省空间,极利于密集部署、集群应用和统一管理,由于每块刀片都可以热插拔,有利于提供不间断服务和灵活便利的护维;缺点是机箱内部的空间狭小,需要专门的磁盘存储阵列和散热技术,单块刀片形成的独立服务器的成本比较高。刀片式服务器一般为中、高端服务器,适用于业务数据处理量较大的网站、网络数据中心等网络环境应用。

　　(3) 机柜式服务器是一种结构复杂、部件配置多、性能高、功能强大、外形按标准机柜设计的高端服务器。通常所说的小型机就是一种机柜式服务器,此外,大型、巨型计算机大多也是属于机柜式服务器。机柜式服务器可以是配置了多个并行运算的 CPU、多个磁盘整列的高性能单体服务器,也可以是多个单体服务器的集群配置,甚至还可以将路由器、交换机、PUB 等网络设备集成在一个空间里,构成功能超强的超级服务器。机柜式服务器的优点是机柜空间充裕,利于散热,便于密集部署、集群应用和统一管理;缺点主要是价格较高,不易被一般的用户接受。机柜式服务器适用于数据处理量庞大的关键业务、需要大规模计算的大型网络数据中心、网络运营商之类的网络环境应用。

2) 服务器品牌

品牌不仅反映了服务器的品质和企业形象,同时代表了服务器厂商从设计研发、部件选型、整机生产、测试检验、产品质量,到产品销量、售后服务、用户认可等一系列综合实力的状况。因此,在进行服务器选型时,服务器品牌是必须关注的一个重要因素。从目前我国服务器市场的情况看,国外服务器品牌主要有 IBM、惠普、戴尔、SUN,国内服务器品牌主要有联想、华为、曙光、浪潮、宝德、华硕、强氧、长城、同方等。

从总体情况看,国外服务器品牌在高新技术、创新能力、可靠性和稳定性等方面具有较大优势,产品主要集中在中、高端服务器。国内服务器品牌则在技术性能、产品配置、实用性、性价比和售后服务等方面具有明显优势,产品主要集中在中、低端服务器。

从销售情况看,高端服务器市场主要被 IBM、惠普、SUN 等国外品牌所垄断,国内的曙光、浪潮、宝德、联想等几个大品牌虽然也打进了高端服务器市场,但所占份额较少,打破国外品牌的垄断尚需若干年的努力。在中端服务器市场,国内品牌与国外的品牌的竞争十分激烈,所占份额不相上下,但国内品牌的优势逐渐显现。低端服务器市场一直是国内品牌的天下,多年来市场的份额都明显超过国外品牌,但近年来随着 IBM、戴尔、惠普的服务器产品向低端市场的拓展低端服务器市场的竞争在不断加剧。

3. 服务器的选型要领

说到服务器的选型,一般人往往有这样的疑惑:一台配置极为普通的服务器,其价格要远高于一台配置很高的家用 PC,于是就会想到"为什么不用高配置的 PC 来担当服务器"。问题关键在于服务器的综合性能,特别是稳定性和可靠性远高于家用 PC。

服务器的选型通常应遵循"稳定性与可靠性优先、先进性与成熟性并重、标准性与扩充性共存、技术性与经济性兼顾"的原则。具体的选型需要根据网络规模和应用需求的不同,以及自身的经济实力和技术力量而有所侧重。

(1) 对于大型网络系统或者是大中型企业的关键业务,如金融、证券、电信等行业的核心业务系统,大型企业的数据库、ERP 系统等服务器的选型,必须以稳定性与可靠性优先,宜选择高端的机柜式高性能服务器;而常规业务,如 Web、E-mail、OA 等服务器的选型,则注重标准性与扩充性共存,可选择高端、中端的刀片式服务器。

(2) 对于大中型网络系统或者是中型企业的关键业务,如校园网、企业网的数据库系统服务器的选型,应以先进性与成熟性并重,选择高端的刀片式、机架式服务器;而常规业务,如 Web、E-mail、OA 等服务器的选型,应注重技术性与经济性兼顾,选择中端、低端的刀片式、机架式服务器。

(3) 对于中小型网络系统或者是中小企业的关键业务,如校园网、企业网的数据库系统服务器的选型,应注重标准性与扩充性共存,选择高端、中端的台式、机架式、刀片式服务器;而常规业务,如 Web、E-mail、OA 等服务器的选型,应注重技术性与经济性兼顾,选择中端、低端的台式、机架式服务器。

4. 服务器的性能与关键部件参数

服务器的性能除了取决于其本身的硬件构造,还与其运行的软件环境密切相关。因此,服务器性能的优劣很难像其他的网络设备那样,用一些简明、直观、让选购者一目了然的量化指标来描述例如路由器的整机吞吐量、端口吞吐量;交换机的端口速率、背板带宽等。服务器性能指标种类繁多,相当复杂,归纳起来主要包括处理器运算能力、CPU/内存/硬盘/网络接口的整体性能、单机和集群的数据处理能力、在线数据处理能力、数据库查询能力、应用程序运行能力等方面的指标。

为了建立和规范服务器的量化评价指标,国际上出现了不少专门的服务器性能测评组织及相应的评价指标体系。这些组织定义的测试方法各有侧重,所得出的量化评价指标也各有不同。例如,标准性能评估协会从设备的角度测试,形成反映服务器主要部件性能和整机系统性能的 SPEC 指标;业界高性能计算机系统测试机构从执行程序和计算的角度测试,形成反映服务器单机和集群系统浮点运算性能的 LINPACK 指标;基准测试组织从企业 ERP 和数据库运行的角度测试,形成反映服务器运行程序和数据库性能的 SAP 指标;联机交易处理性能从在线应用的角度测试,形成反映服务器的商业应用性能的 TPC 指标。

在同一品牌的服务器中,关键部件的具体配置决定了服务器的性能和档次。因此,要选到一台好的服务器,除了关注服务器的品牌,还应当关注最能直观反映服务器性能的关键部件配置。此外,还要关注各大权威机构对该服务器产品的性能指标测评。

最能够直观反映服务器性能的具体配置,有以下几个要素:关键部件(CPU、内存、硬盘)的参数和冗余技术。

1) CPU

采用什么样的 CPU,决定了服务器运算和处理数据的能力、性能和档次。在应用中,运行数据、ERP 的服务器,以及运行 CAD、CAM 的服务器对 CPU 的选型和配置有较高的要求。CPU 的性能参数主要包括:构架、位数、主频、缓存、前端总线、内核数目。

(1) 构架是指 CPU 所采用的指令集,决定了 CPU 的运算能力和档次,分为 CISC 架构的 CPU,如奔腾、至强、皓龙;RISC 构架的 CPU,如 Power、PA-RISC、Ultra SPARC;EPIC 构架的 CPU,如安腾等。其中 RISC 构架要明显优于 CISC 架构,EPIC 构架又略优于 RISC 构架。

(2) 位数即 CPU 处理数据的单位字长,也是决定 CPU 运算能力和档次的重要参数,位数越长,CPU 运算能力和档次就越高。早期服务器的 CPU 为 32 位字长,目前大多采用 64 位。

(3) 主频反映了 CPU 的工作节奏,单位为 Hz,决定了 CPU 的运算速度。在同一系列的 CPU 中,主频越高,CPU 的运算速度就越快。例如,在 Intel 至强 E7 系列的 CPU 中,2.4GHz 主频的 E7-8870 要优于 2.0GHz 主频的 E7-8850。

(4) 缓存是 CPU 计算和处理数据的内部高速缓冲存储器,容量以字节 B 为单位,容量的大小会影响 CPU 计算和处理数据的速度。因此,在同一系列的 CPU 中,缓存越大,CPU 计算和处理数据的速度就越快。按其所处的位置不同,分为一级缓存 L1 Cache、二级缓存 L2 Cache、三级缓存 L3 Cache。其中,L1 Cache 较小,只有几十 KB;L2 Cache 次之,有数 MB;L3 Cache 最大,可达数十 MB。通常采用容量最大的那一级 Cache 来表示 CPU 的缓存,例如 Intel 至强 E5 系列的 L3 Cache 最高达 20MB,E7 系列的 L3 Cache 最高达 30MB。

(5) 前端总线是 CPU 与服务器内存交换数据的通道,决定其数据传输带宽的参数是前端总线工作频率,以 Hz 为单位。前端总线的频率越高,CPU 计算和处理数据时传输数据的速度也就越快。例如,前端总线为 1000MHz 的 64 位 CPU,其数据传输量为:$1000\text{MHz}\times 64\text{bit}\div 8\text{Byte}/\text{bit}=8000\text{MB/s}=8\text{GB/s}$。

(6) 内核数目是多核 CPU 的一个重要参数,一个同样系列的 CPU,每增加一个内核就会使得 CPU 的计算能力提高 20%～30%。可见,同一系列的 CPU,内核数目越多性能越优。因此,同一系列的 CPU 通常会有 2 核、4 核、6 核、8 核,甚至更多核数的不同型号产品可供用户选择。例如,Intel 至强 E5 系列有 2～8 核的 CPU,E7 系列则有 6～10 核的 CPU。目前,低端的廉价服务器通常采用 32 位的 Intel 奔腾、至强系列的多核 CPU;一些高配置的低端服务器通常采用 64 位的 Intel 至强、AMD 皓龙系列的单核 CPU;中端服务器通常采用 64 位的 Intel 至强、AMD 皓龙系列的多核 CPU;高端服务器通常采用 64 位、支持多CPU 并行的 Intel 至强 MP、安腾等系列的多核 CPU,以及 IBM Power、HPPA-RISC、Sun Ultra SPARC 等非 Intel 系列的多核 CPU。

2) 内存

俗话说"好马配好鞍",只有配上好的内存,CPU 才能够充分发挥其优越的性能。因此,内存直接影响服务器运算和处理数据的速度。在应用中,Web、数据库、E-mail、文件打印等服务器对内存的选型和配置有较高的要求。与普通 PC 内存相比,服务器的内存虽然在类型结构(如 SDRAM、DDR2、DDR3)和参数指标(如容量 512MB、1GB、2GB)上没有本质的区别,但对稳定性和可靠性要求却非常高,不仅元器件选材讲究、产品测试苛刻,还在内存中采用了更为严格的纠错、提速、保护等多种技术,如 ECC、Chip Kill、Register、FB-DIMM、Memory Prote Xion、Memory Mirrorin 等,因此,在价格上也比普通 PC 的内存高出许多。

(1) ECC 是一种"检查并纠正错误"的内存纠错技术,其优点是可以发现和纠正 1 比特的错误,并能检测出任意 2 个随机错误,最多可以检查到 4 比特的错误;缺点是超出 1 比特的错误只能发现不能纠正。由于出现 1 比特错误的概率是最大的,因此,ECC 内存纠错技术最为成熟,得到服务器厂商的普遍支持。

(2) ChipKil 是 IBM 为克服 ECC 的不足而开发出来的内存纠错技术,其优点是可以发现和纠正 4 个错误的比特位,纠错能力是 ECC 的 4 倍,并且具备类似磁盘阵列的数据全面提高模式,将数据同时写入多个内存芯片,出现错误时可以通过阵列中的其他芯片找回并重构数据,使可靠性大为提高;缺点是技术复杂,成本较高,并且需要 IBM 的授权才能让其他的厂商采用。

(3) Memory ProteXion 即存储保护技术,也是 IBM 为克服 ECC 的不足而开发出来的内存纠错技术,其优点是采用类似硬盘的热备份功能,能够自动利用 ChipKill 特位自动找回数据,可以发现和纠正 4 个连续出错的比特位,纠错能力比 ChipKill 更加有效并且还可以隔离那些因永久性的硬件错误而失效的比特位,使 IBM 存芯片继续工作,直到器件被更换为止;缺点也是技术复杂,成本较高,并需要 IBM 的授权才能让其他厂商采用。

(4) Memory Mirrorin 即镜像存储技术,是 IBM 开发的一种更高级的内存保护技术。其优点是采用类似磁盘镜像的技术,将数据同时写入两个独立的内存条中,读取时一主一备,只有当主内存条出错时才从备用内存条中恢复数据,并报警告知系统,以便更换。因此,发现和纠正错误的能力不受比特数的限制；缺点是技术更为复杂，成本更高，并且同样需要IBM的授权才能让其他厂商采用。

（5）Register 是一种目录寄存器，即在内存中增加一个类似书本中的目录一样的缓冲区，使读写操作都要通过该目录缓冲区进行检索，从而使得内存数据的读/写效率提升。

（6）FB-DIMM 即全缓冲内存模组，是 Intel 公司为了解决内存性能对整机系统性能的影响，尤其是对采用多核 CPU 或多个 CPU 的整机系统性能的制约，在 DDR2、DDR3 基础上发展起来了新型内存模组与互联构架。FB-DIMM 引入了多项先进技术，如增加高速内存缓冲及控制芯片、采用串行接口与多路内存芯片并联的结构、以串行的方式进行数据传输等。其优点是大幅提升系统与内存的接口带宽和最大内存容量，例如在相同的工作频率下，FB-DIMM 内存接口的带宽比普通内存提高了 4 倍，所支持的内存最大容量是普通内存的 24 倍。FB-DIMM 的缺点是需要和其他的纠错技术配合使用才能实现内存的纠错，例如 ECC＋FB-DIMM 等。

除了关注服务器内存的技术性能，在选择服务器内存时，还应当注意服务器产品所标称的内存参数。当标配内存不能满足应用的需求时，需要增加内存条。此时，所选配内存条除了容量要足够，还要在技术性能上与标配内存尽量保持一致，这样才能保证系统的可靠和稳定。

3）硬盘

硬盘决定服务器存储数据的能力以及与网络交换数据的吞吐能力。在应用中，数据存储量及吞吐量较大的服务器，如数据库、ERP、E-mail、网络存储、多媒体等服务器，对硬盘的选型和配置有较高的要求。与普通 PC 相比，服务器的数据存储量大、吞吐量大、超长时间运作，因此，对硬盘的速度、容量、稳定性和可靠性的要求很高。目前服务器采用的硬盘主要有 SCSI、STAT、SAS、FC 等几种硬盘。

（1）SCSI（Small Computer System Interface）硬盘原是 20 世纪 80 年代专门为小型计算机系统设计的硬盘标准，一直以来，在服务器的硬盘市场中处于垄断地位。目前常用的是 Ultra 320 SCSI 标准，转速高达 15000rpm，数据传输率为 320MB/s。SCSI 硬盘的优点是转速高、缓存容量大、CPU 占用率低、对磁盘冗余阵列 RAID 和热插拔具有良好的支持；缺点主要是价格较高，运转噪声较大。因此，适用于对数据处理性能要求较高、数据存储的容量大，同时对安全性和可靠性的要求也较高的中、高端服务器。

（2）SATA（Serial ATA）硬盘是 2002 年出现的用于取代并行 ATA 硬盘（如 IDE 硬盘）的技术标准，目前在服务器中常用到的有 SATA 2.0 和 SATA 3.0 两种，转速可达 10000rpm，数据传输率分别是 375MB/s 和 750MB/s。SATA 硬盘的优点主要是数据传输速度快、运行效率高、对系统的适应性强，支持热插拔，价格较低，属于经济型的硬盘产品；缺点主要是整体性能上与 SCSI 硬盘相比还有差距。因此，适用于对数据处理性能及存储容量要求较高，同时对性价比较为敏感的中、低端服务器。

（3）SAS（Serial Attached SCSI）硬盘，是 2003 年以后推出的新一代 SCSI 技术标准，采用串行技术来提高数据传输速率，改善存储系统的效能、可用性和扩充性强，并提供与 SATA 硬盘的兼容。目前在服务器中常用到的有 SAS 1.0 和 SAS 2.0 两种，转速可达 15000rpm，数据传输率分别是 375MB/s 和 750MB/s，在性能上已经超越 SCSI 硬盘。下一代 SAS 硬盘的数据传输率更高，性能更优越。SAS 将逐步取代 SCSI 成为服务器硬盘的主流产品是一种必然的趋势。SAS 硬盘的优点主要是数据传输速度快,设备连接能力强、对系统的适应性和兼容性强,支持热插拔和多种 RAID 技术;缺点是价格高。因此,适用于对数据处理性能、存储容量需求较高,安全性和可靠性要求较高的中、高端服务器。

(4) FC(Fiber Channel)硬盘是 2002 年为提高多硬盘存储系统的速度和灵活性而开发的一种以光纤为传输通道的硬盘标准,其转速可达 15000rpm,数据传输率可以达到 4Gbps(即 500MB/s),通过单模光纤连接设备最大传输距离可以达到 10km,可以连接 127 个硬盘设备。FC 硬盘实质上与 SCSI 硬盘同属一类,其性能不仅像 SCSI 一样优越,而且还具有传输稳定、吞吐量大、系统连接性能超强等优点;缺点主要是价格昂贵。因此,适用于对数据处理性能、存储容量、传输速度要求较高,同时对安全性和可靠性的要求也较高的高端服务器。

除了硬盘接口类型,在选择服务器的硬盘时应当注意:服务器的产品中往往还有"标配硬盘""最大硬盘"和"硬盘阵列"等多项参数,有些服务器的"标配硬盘"容量甚至为 0。因此,需要用户根据应用需求,选配类型、容量、接口、性能等参数合适的硬盘。

4) 冗余技术

服务器冗余技术,指对服务器中容易发生故障的部件所采取重复配置、热备份、热插拔等技术手段,是提高系统稳定性和可靠性的重要保障。通常服务器采用的冗余技术有磁盘冗余、CPU 冗余、冗余电源、冗余风扇、冗余网卡等。

(1) 磁盘冗余阵列 RAID 能够提供硬盘故障自动检测、容错数据恢复、数据冗余热备份、硬盘热插拔、容量热扩充等多种保护功能。根据能够的不同,RAID 的种类很多,常用的模式有 RAID 0、RAID 1、RAID 5,其中,RAID 0 是一种没有数据冗余的高效存储模式,RAID 1 是需要两块镜像硬盘构成的数据冗余模式;RAID 5 是以分散保存校验位来保证数据安全的存储模式。为了同时提高磁盘阵列的存储效率及安全性,可以采用组合模式,如 RAID 1+0、RAID 5+0。

(2) 热插拔硬盘也可以用于没有磁盘冗余阵列的服务器中,主要功能是提高服务器硬盘数据热备份、容量热扩充、可靠性能。热插拔硬盘如图 3-2 所示。

(3) CPU 冗余既可以提高服务器的计算速度、数据处理能力,还可以改善 CPU 的容错、负载均衡等性能。目前服务器采用的 CPU 冗余技术主要有:对称多处理器结构 SMP(Symmetric Multi-Processor),非一致存储访问结构 NUMA(Non-Uniform Memory Access),量并行处理结构 MPP(Massive Parallel Processing)。其中,SMP(2～4 路 CPU)的性价比较高,在中、高端服务器中的应用较为普遍,如图 3-3 所示。

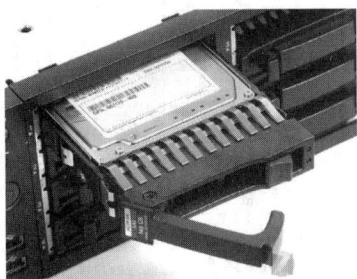

图 3-2　热插拔硬盘　　　图 3-3　CUP 冗余

（4）冗余电源就是在一台服务器中配置两套以上独立的、功率相同的、可以同时为系统供电的热插拔电源。一旦其中的一个电源发生故障，改为冗余电源供电并向系统报警，提示更换。冗余电源在中、高端服务器中应用普遍，如图3-4所示。

（5）冗余风扇与冗余电源相似，即在服务器中配置多组独立的、功率相同的、可以同时为系统散热的热插拔风扇，一旦有风扇发生故障，改用冗余风扇并向系统报警，提示更换。冗余电源在低、中、高端服务器中都有应用，如图3-5所示。

图3-4 热插拔电源

图3-5 冗余风扇

（6）冗余网卡就是在一台服务器中集成或配置了两个以上的网卡，其中一个为冗余网卡。冗余网卡在低、中、高端服务器中都有应用。

四、实践操作

校园网服务器分为内部、外部两个部分的服务器群，服务器的配置选型见表3-1。内部及外部服务器采用交换机进行汇聚和负载均衡。

表3-1 校园服务器选型

序号	功　能	型　　号	数量	部　署
1	校园网主网站服务器	Dell PowerEdge R710 机架式服务器	2	外部服务器
2	教学服务网站1服务器	Dell PowerEdge 6850 机架式服务器	1	外部服务器
3	教学服务网站2服务器	Dell PowerEdge 6850 机架式服务器	1	外部服务器
4	电子邮件服务器	HP ProLiant DL388 G7 机架式服务器	1	外部服务器
5	数字图书网站服务器	联想 万全 R525 G3 机架式服务器	1	外部服务器
6	OA 服务器	联想 万全 R525 G3 机架式服务器	2	外部服务器
7	精品课程网站服务器	Dell PowerEdge 2950 机架式服务器	2	外部服务器
8	继续教育学院网站服务器	Dell PowerEdge 2950 机架式服务器	1	外部服务器
9	校园二级网站服务器	Dell PowerEdge R710 机架式服务器	1	内部服务器
10	教学资源网站服务器	联想 万全 R525 G3 机架式服务器	2	内部服务器
11	在线考试网站服务器	HP ProLiant DL388 G7 机架式服务器	2	内部服务器
12	教务管理服务器1	联想 万全 R525 G3 机架式服务器	1	内部服务器
13	教学管理服务器2	联想 万全 R525 G3 机架式服务器	1	内部服务器
14	视频会议服务器	联想 万全 R525 G3 机架式服务器	1	内部服务器
15	在线 VOD 服务器	HP ProLiant DL388 G7 机架式服务器	1	内部服务器
16	网管、杀毒软件服务器	HP ProLiant DL388 G7 机架式服务器	1	内部服务器
17	FTP 服务器	联想 万全 R525 G3 机架式服务器	2	内部服务器

模块 2　路由器选型

一、教学目标

1. 掌握路由器的选型要领。
2. 掌握为项目选择合适的路由器。

二、工作任务

1. 路由器选型要领。
2. 选择合适的路由器。

三、相关知识点

1. 路由器的用途

路由器是多个网络之间的连接设备,工作在 OSI 模型的网络层,在网络系统中把持着网络之间相互沟通的要道,其重要性非同一般。在网络工程中,除了广域网类的大型项目需要用到多个路由器,大多数的企、事业单位的网络系统均以组建局域网为主。路由器主要部署在网络的边界,用于与外网的互联、Internet 接入等。因此,设置 1~2 个路由器即可满足项目需求。

路由器主要有以下几个方面的用途。

(1) 实现网络之间的互接。如局域网接入互联网或广域网(LAN-WAN)、广域网与广域网互联(WAN-WAN)、局域网之间通过广域网互联(LAN-WAN-LAN)。因此,路由器必须具有相应的 LAN 接口和 WAN 接口。

(2) 完成网络之间数据包的路由寻址、选择与转发。路由器工作在网络层,不仅按照所支持的网络协议(如 TCP/IP、IPX、AppleTalk、PPPoE)完成数据包的封装,还要通过所配置的路由协议(如 RIP、IGRP、OSPF、BGP 等),根据数据包的目标地址进行寻址、最佳路径的选择和数据包转发。

(3) 监控和管理网络通信。路由器通常提供 IP 地址过滤、NAT 转换、流量控制、容错管理等功能,有的甚至提供加密、压缩、组播、VPN、QoS、MPSL、防火墙的功能,对过往的通信进行有效的监控和管理。

2. 路由器的性能及参数

路由器实质上是一台高度集成化、模块化的计算机,同 CPU、主板、BIOS、内存 DRAN、闪存 Flash 和各种接口组成。与 PC 不同的是,为了提高数据处理的效率,大量的工作由ASIC 专用集成电路技术构成的硬件来完成,同时,简化系统的结构,用 Flash 代替传统的硬盘并省去了键盘和显示器,配置时通过专门的 Console 接口外接 PC 作为操作终端来完成。

反映路由器性能的参数指标主要有以下几项。

(1) 背板交换容量,指路由器内部的高速交换链路(背板)与各接口板卡之间实现数据交换的能力,以每秒交换数据的位数 bps 为单位。该指标越大,路由器的性能越强。背板交换能力具体体现在路由器的整机吞吐量上。

(2) 整机吞吐量,指路由器设备的整机数据包转发率,是路由器整体性能的重要指标,由于路由器以网络层数据包(如 IP 包)为单位进行路由选择和转发,所以该指标是每秒转发数据包的数量 pps 为单位。该指标越大,说明路由器的整体性能越好,但在通常情况下,整机吞吐量小于路由器所有端口吞吐量之和,这与背板的交换能力密切相关,只有足够大的背板交换容量才能够使整机吞吐等于所有端口吞吐量之和。

(3) 端口吞吐量,指具体端口的数据包转发率,同样使用 pps 为单位来衡量,反映路由器在某端口上的包转发能力。该指标越大,说明相应端口的性能越好,当包转发速率达到传输线的速率实现无瓶颈的最大值时,称为线速转发,性能最佳。

(4) 线速转发能力,指以最小包长和最小包间隔,在路由器端口上以传输线的速率进行无瓶颈传输同时不丢包的速率。该指标以每秒转发数据包的数量 pps 为单位,是反映路由器高性能端口的重要参数。计算方法如下:

$$端口线速转发速率(pps)=端口带宽÷(最小包长+最小包间隔)$$

例如,1000Mbps 以太网端口的线速转发速率为

$$1000Mbps÷[(64+8+12)×8bit]=1.488Mpps$$

当路由器的标称值达到或超出此值时,说明该端口具备线速转发能力。全双工线速转发时,则要求端口的标称值达到或超过 1.488Mpps×2。

(1) 路由表能力,指路由器所能建立和维护的路由表的容量极限,以路由表中的项目数量为单位。由于路由器是依靠路由表来决定如何转发数据包的,该参数反映路由器的路由寻址能力,对于高端路由器尤其重要。路由表项数量越大,能力越强。

(2) 路由协议/网络协议,指路由器所支持的路由协议(如 RIP、OSPF、BGP 等)/网络协议(如 TCP/IP、IPX、AppleTalk 等)的能力。除 RIP、TCP/IP,其他的协议并非所有的路由器都给予支持。因此,支持的协议越多,路由器的性能越强。

(3) 增强和提升路由器性能的其他指标,如 QoS、MPLS、VPN、IPSec、IPv4/IPv6 组播、防火墙、网管功能等。

3. 路由器的分类及选型要领

1) 路由器的分类

路由器常用的分类方法有以下几种。

(1) 按性能和价格档次的不同,分为高端路由器、中端路由器和低端路由器。其中,高端路由器的背板交换能力大于 40Gbps,具有全双工线速交换能力,包转发率超过 1M~10Mpps,价格通常在数万元以上;中端路由器的背板交换能力在 25~40Gbps,主要端口具有单工线速交换能力,包转发率一般在 100Kpps~1Mpps,价格通常在几千元至数万元;低端路由器的背板交换能力小于 25Gbps,包转发率一般不超过 100Kpps,价格通常在几千元以内。

(2) 按应用环境的规模和等级的不同,分为接入级路由器、企业级路由器、骨干级路由器。

其中,接入级路由器大多为低端路由器,如华为 AR 1200/2200/3200、思科 1800/2800/3800 路由器等,适用于中、小型的网络系统;企业级路由器大多为中端路由器,如华为 NE20E/20、思科 7200/7600 路由器等,适用于大、中型的网络系统;骨干级路由器为高端路由器,如华为 NE 5000E/80E/40E、思科 1000/1200 路由器等,适用于大型网络系统,尤其是运营级的超大型网络系统。不同等级路由器的典型产品如图 3-6 所示。

(3) 按使用场合特殊性的不同,还可以分为多业务路由器、网吧专用路由器、家用宽带

H3C 3600路由器　　　　　H3C SR8800 路由器　　　　H3C CR16000核心路由器

图 3-6　典型的路由器

路由器、SOHO 路由器、VPN 路由器、无线路由器等。

2) 路由器选型要领

路由器的选型应遵循"性能优越、安全稳定、功能适当、易于扩展"的原则。先定位路由器的类型和档次，再选择关键的性能指标，最后确定具体的机型。具体要领如下。

(1) 按网络规模和发展，定位路由器类型和档次，即先定位路由器的等级。网络规模代表了网络用户的数目和数据流量，对于大型、超大型网络系统，特别是大型企业、行业、ISP运营商的网络系统，通过核心路由器的网络流量非常之大，应选择高端的骨干级路由器；对于大中型的网络系统，如大中型企业网、大专院校的校园网，网络流量也比较大，应选择中端的企业级路由器；而对于中、小型网络，选择低端的接入级的路由器即可满足要求。此外，对于多分支机构的企业网和校园网，总部的选型与分支机构的选型不同：如总部的网络选型中端的企业级路由器，而分支机构的网络选择低端的接入级的路由器即可。

(2) 按网络的应用需求，选择路由器系列和指标。即定位路由器的等级后，再进行性能参数上的具体选择。例如，大型网络系统的核心路由器，对整机吞吐量、端口吞吐量、线速交换能力、多种路由协议、多种网络协议、端口的类型及数量等指标均有很高的要求；拥有多个分支机构的大型网络系统需要异地接入、视频会议等应用服务，因此无论总部网络还是分支机构网络的路由器，除了端口的吞吐量，对 VPN、QoS、组播协议等指标也有较高的要求；开设电子商务的企业网络系统，对端口的吞吐量、线速交换能力、IPsec 加密、防火墙等指标有较高的要求；一般的中小型网络系统的接入路由器则只对主要端口的吞吐量、线速交换能力等指标有相应的要求。因此，根据网络的应用需求就可以在同一等级路由器中进行性能指标的详细选择，从中选出适用的系列产品。

(3) 按自身的经济实力，确定路由器品牌和机型，即在同一系列路由器中，最后进行品牌、价位、型号上的敲定。路由器的品牌，不仅是产品性能和质量的保证，同时还是技术支持和售后服务的保障。目前路由器产品的国外品牌主要有 Cisco、Jumper；国内品牌主要有华为、中兴、H3C、锐捷、迈普、博达、斐讯等。从整体上看，中、低端路由器市场主要由国内品牌主导，随着华为、中兴、H3C 等国内品牌向高端路由器市场的拓展，高端路由器市场一直由外国品牌主导的局面已经明显转变，尤其是在价格、售后服务、技术支持等方面的本土优势，让国内品牌备受用户的青睐。因此，在相同的类等级、性能指标下，无论是从经济实惠的角度，还是从信息安全的战略高度出发，选择国内品牌的路由器不失为聪明之举，切忌盲目追求外国的品牌。

四、实践操作

校园网连接中国电信、中国移动、中国联通三个主要出口路由器,采用了 H3C 的 SR6600 配置如表 3-2 所示。

表 3-2　H3C 的 SR6600 配置表

属　　性	SR6604	SR6608	SR6616
结构	一体化机箱,可安装于标准 19 英寸机架内,业务分布式处理架构		
主控板槽位数	2(1+1 冗余备份)	2(1+1 冗余备份)	2(1+1 冗余备份)
线卡槽位数	2	4	8
业务板槽位数	8	16	32
交换转发架构	支持独立交换网板	支持独立交换网板	支持独立交换网板
交换容量	4.88TB	8.14TB	14.66TB
整机包转发率	120Mpps/480Mpps	240Mpps/960Mpps	480Mpps/1920Mpps
电源	双电源,"1+1"备份 支持智能电源管理	双电源,"1+1"备份 支持智能电源管理	四电源,可配置多种灵活的电源备份方案,支持智能电源管理
	交流输入额定范围：100～240V 50/60Hz 直流输入额定范围：－48～－60V		

模块 3　交换机选型

一、教学目标

1. 掌握交换机的选型要领。

2. 掌握为项目选择合适的交换机。

二、工作任务

1. 掌握当前主流交换机的品牌、性能等情况。

2. 为项目选择合适的交换机。

三、相关知识点

1. 交换机的用途

交换机是网络系统中实现高密度节点连接和高速率数据传输的集结设备。一般的二层交换机主要工作在 OSI 模型的数据链路层。高性能的三层、四层交换机还可工作在网络层、传输层甚至更高的网络层次。在网络工程中,交换机选型的好坏直接决定了整个网络的构架形式和传输性能。

交换机主要有以下几个方面的用途。

(1) 架构网络的拓扑结构。根据网络应用的需求,以交换机作为主要节点,交换机之间的连接为主要链路,便可以搭建出各种类型的网络拓扑结构。其中,由核心层、汇聚层、接入层构成的分层拓扑结构在现代网络工程中最为常用。

（2）连接和识别网络节点。二层交换机按连接的节点自动生成和维护 MAC 地址表，依据 MAC 地址识别各种网络节点，实现各节点之间数据包的封装、校验和传输。三层交换机除了具有二层交换机的功能，还可以依据 IP 地址进行 VLAN 之间的连接、识别和路由交换。四层交换机除了具有二、三层交换机的功能，还可以依据 TCP/UTP 所用端口号进行更高层面的数据包连接和交换。

（3）高效传输网络数据。交换机各端口具有独立的带宽，可以在各节点之间实现高速数据传输，必要时可以通过多个端口聚合来获得更大的带宽。交换机还可以通过减小冲突域、隔离广播域等措施，进一步提高网络数据的传输效率。当网络拓扑存在环路时，通过配置相应协议（如 STP、RSTP、OSPF 等），避免二层、三层网络环路带来的影响和灾难。

（4）控制管理网络运行。通过 VLAN 划分、VLAN 通信，以及流量控制、端口隔离、QoS、组播、认证、防火墙、网络管理等功能，实现网络数据流的有效管理，提高网络的安全性。

2. 交换机的分类及性能参数

1）交换机的分类

交换机功能多、用途广，分类方法也很多，以下是交换机的几种不同分类。

（1）按适用网络标准的不同，可分为：以太网交换机、令牌环网交换机、FDDI 交换机、ATM 交换机。其中，以太网交换机的应用最为普遍，通常所说的交换机就是指以太网交换机。

（2）按传输速率的不同，可分为：10Mbps 速率的标准以太网交换机、100Mbps 速率的快速以太网交换机、1000Mbps 速率的千兆以太网（GE）交换机、10000Mbps 速率的万兆以太网（10GE）交换机。通常工作在核心层的交换机为千兆交换机、万兆交换机；汇聚层交换机多为百兆交换机、千兆交换机；接入层交换机多为十兆交换机、百兆交换机。

（3）按工作协议层次的不同，可分为：二层交换机、三层交换机、四层交换机、多层交换机。高端交换机均为三层甚至四层交换机，中端交换机多为三层交换机，低端交换机均为二层交换机。

（4）按配置性能的不同，可分为：骨干级交换机、企业级交换机、园区级交换机、部门级交换机、工作组级交换机、桌面级交换机。其中：

骨干级交换机配置极高、功能强大，适用于用户节点在 1000 个以上的超大型网络，如华为 S9300 系列、H3C12500 系列等交换机。

企业级交换机配置高、功能强，适用于用户节点为 500～1000 个的大型网络，如 H3C S7500 系列、思科 C4500/6500 系列等交换机。

园区级交换机配置较高、功能也较强，适用于用户节点在 300～500 个的大中型网络，如华为 S5300/5700 系列、思科 C3500 系列等交换机。

部门级交换机讲究实用性，配置和功能适中，适用于用户节点在 100～300 个的中小型网络，如华为 S2700/3300 系列、H3C3600 系列等交换机。

工作组级交换机侧重经济性，配置低，功能简单，适用于用户节点在 100 个以下的小型网络，如华为 S1700 系列、思科 C1900 系列等交换机。

图 3-7 是部门级交换机的典型产品。

H3C S5120交换机   H3C S5800交换机

图 3-7 部门级交换机

(5) 按部署位置的不同,可分为:数据中心交换机、核心交换机、汇聚交换机、接入交换机。以 H3C 的交换机产品为例:H3C S12500 系列为数据中心交换机;H3C S7500/9800 系列为核心交换机;H3C S5120/5800 系列为汇聚交换机;H3C S3600 系列为接入交换机。H3C S7500E、H3C S12500 系列核心交换机如图 3-8 所示。

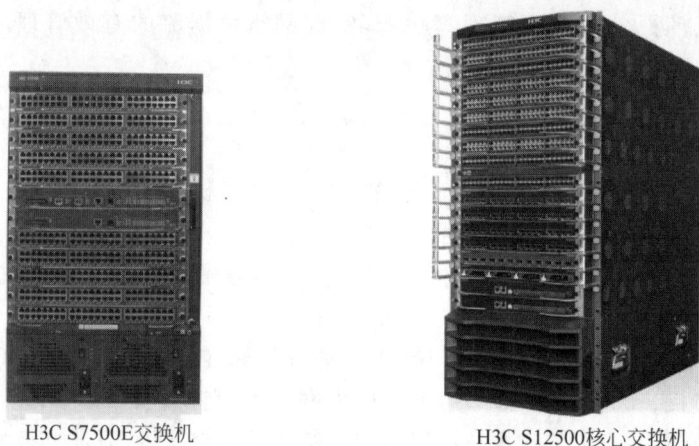

H3C S7500E交换机   H3C S12500核心交换机

图 3-8 核心交换机

根据网络规模的不同,选用的核心交换机、汇聚交换机、接入交换机在档次和配置也有所不同。通常情况下,网络规模越大,交换机的档次和配置越高。但同一种交换机,在不同规模的网络中其部署的位置及用途也有所不同,例如,锐捷 RG-S5750-24GT/12SFP 交换机,可用作中小企业网的核心交换机、大型企业网和园区网的汇聚交换机、大型及超大型网络的数据中心服务器接入交换机等。

(6) 按特殊性还可以划分为光交换机、固定端口交换机、模块化交换机、网管型交换机、非网管型交换机等。

2) 交换机主要性能参数

交换机的主要性能参数包括:包转发率、背板带宽、交换容量、端口类型及扩展槽、MAC 地址表容量、VALN 类型、STP 协议类型、QoS、组播、网管等。

(1) 包转发率是反映交换机数据吞吐量的关键指标,也称为"满配置吞吐量",以每秒转发包的数量 pps 为单位。通过该指标即可计算出交换机的所有端口是否都具备线速交换能力的"满配置线速交换"。满配置线速交换的具体条件是:

满配置吞吐量≥14.88Mpps×万兆端口数+1.488Mpps×千兆端口数

   +0.1488Mpps×百兆端口数+0.01488Mpps×十兆端口数

值得注意的是,当给出一台交换机的包转发率时,即可反过来计算出可实现线速交换的端口数量。通常情况下,高端交换机应具备满配置线速转发能力,中、低端交换机则只有部分端口具备线速交换。

以锐捷 RG-S5750S-48GT/4SFP 交换机为例,该机的包转发率为102Mpps、具有 48+4 个千兆端口,由于:102Mpps÷(48+4)=1.96Mpps,大于每个千兆端口实现线速交换所需的 1.488Mpps。因此,该交换机具备满配置线速交换能力。

(2)背板带宽是决定交换机数据交换速率的重要指标,反映了各板卡模块与交换引擎之间连接带宽的最高上限,通常以每秒交换的千比特位 Gbps 为单位。背板带宽越大,交换机的交换速率越高、性能越强,高性能的交换机各端口之间实现全双工线速交换时,背板带宽必须满足以下条件:

$$背板带宽(Gbps)≥端口速率×端口数量×2$$

同样以锐捷 RG-S5750S-48GT/4SFP 交换机为例,该机具有 48+4 个千兆端口,背板带宽为 240Gbps。显然:背板带宽 240Gbps>11Gbps×(48+4)×2 所对应的 102Gbps。因此,该交换机的所有端口均具备全双工线速交换能力。

(3)交换容量是另一种反映交换机数据交换能力的综合指标,以 Gbps 为单位表示。高端交换机的交换容量很大,通常达几十至数百 Gbps;中、低端交换机的交换容量一般在几十 Gbps 以下。由于交换容量与背板带宽的用途相当,因此,通常只标出其中的一种指标即可。

(4)端口类型及扩展槽反映交换机的连接能力,如万兆、千兆、百兆、十兆的 RJ45 或光纤端口数量,以及万兆、千兆的扩展插槽等。高速端口及扩展槽越多,交换机的连接性能越强。

(5)MAC 地址表容量表示交换机能够学习、识别和管理网络节点的物理地址的能力,通常在几 KB 至数百 KB。MAC 地址表容量越大,交换机性能越强。

(6)VLAN 类型表示交换机支持 VLAN 的层次。三层 VLAN 基于口地址,二层 VLAN 则基于 MAC 地址。两者的区别主要在于是否需要路由功能才能实现 VLAN 的划分和管理。因此,只有具备路由功能的高、中端交换机支持三层 VLAN,没有路由功能的中、低端交换机只支持二层 VLAN。

(7)STP 协议类型表示交换机拥有迅速消除网络冗余环路问题的算法和能力,例如 802.1D 生成树协议 STP、每树生成树协议 PVSTP、快速生成树协议 RSTP 等。中、高端交换机通常支持多种 STP 协议算法。

(8)支持 QoS、组播、网管等,都是反映交换机是否具备高性能的重要指标。

3. 交换机的选型要领

在网络工程中,交换机数量多、彼此之间的关联性很大。因此,在选型时应遵循"功能齐全、性能优越、安全稳定、便于扩展"的原则,根据网络的规模、应用和发展,从整体上去综合考虑。按照核心层、汇聚层、接入层的性能需求,同时兼顾品牌和价格等因素,逐层确定具体的机型。其中,在背板带宽、交换容量、包交换速率等关键指标的选型配置上,核心层交换机要求最高,汇聚层交换机次之,接入层交换机最低。

1)核心层交换机的选型

核心交换机是网络信息传递的枢纽,无阻塞的全线速交换是最基本的要求。因此,对背板带宽、包交换速率等指标均有很高的要求,同时,还应具备对三层 VLAN、QoS、硬件冗余、可扩展、可网管,甚至组播控制、防火墙等技术的支持。

对于大型及超大型网络系统的核心层交换机,应选用具有 500Gbps～1Tbps 以上超大背板群带宽或交换容量、500～1000Mpps 的超高包交换速率、多层交换的骨干级 T 比特交换机(1T＝1000G)或企业级万兆交换机。根据核心层的具体带宽需求,可计算出背板带宽、交换容量、包交换速等项指标的大小,然后,再从相应的交换机系列产品中选型。

对于大、中型网络系统的核心层交换机,可选用具有 100～500Gbps 高背板带宽或交换容量、100～500Mpps 包交换速率的企业级或园区级千兆/万兆三层交换机。对背板带宽、交换容量、包交换速率等项指标,同样需要计算后再进行具体选型。

对于中、小型网络系统的核心层交换机,可选用具有 30～100Gbps 背板带宽或交换容量 10Mpps 包交换速率的企业级或园区级千兆三层交换机。

2）汇聚层交换机的选型

汇聚交换机担当着承上启下的重要角色,除了完成接入层的汇聚、带宽分配以及与核心层的汇接,还要提供基于统一策略的 VLAN 划分、路由聚合、流量收敛、访问控制与安全互联。因此,除了对背板带宽、包交换速率等指标有较高的要求,以保障无阻塞的全线速交换的实现,还应具备实施三层 VLAN、硬件冗余、QoS、组播控制、防火墙及网管等功能。

对于大型及超大型网络系统的汇聚层交换机,应选用具有 100～500Gbps 背板带宽或交换容量 100～500Mpps 包交换速率的骨干级或企业级万兆多层交换机。

对于大、中型网络系统的汇聚层交换机,可选用具有 30～100Gbps 背板带宽或交换容量 30～100Mpps 包交换速率的企业级或园区级千兆/万兆三层交换机。

对于中、小型网络系统的汇聚层交换机,可选用具有几至几十 Gbps 背板带宽或交换容量、几至几十 Mpps 包交换速率的园区级或部门级百兆/千兆三层交换机。

3）接入层交换机的选型

接入交换机为用户节点提供便利的接入服务,实现汇聚带宽分享、划分冲突域以及访问控制等。因此,对端口的类型、带宽及数量等指标有较高的要求,并要求能够配合汇聚层实现 VLAN 的划分、QoS、访问控制及网管等功能。对于线速交换、硬件冗余、组播控制等方面的要求,应视具体需要而定。对背板带宽和包交换速率等指标的要求不高。因此,在大多数的网络工程项目中,接入交换机一般选用背板带宽或交换容量在 10Gbps 以内、包交换速率在 10Mpps 以下的接入级百兆/千兆交换机。

除了上述几种针对参数指标的选型方法,在交换机的选型时,还需要关注交换机的品牌和价格。目前活跃在中、高端交换机市场的外国品牌主要有:思科、Juniper、3Com、惠普等,而国内的华为、H3C、中兴、锐捷、神州数码、D-Link 等众多品牌已相当成熟,逐渐成为从低端到高端交换机市场的主角。在价格方面,国内品牌的交换机比国外品牌有明显的优势。而在同样价位的产品中国内品牌交换机的配置要比国外品牌高出一个档次。因此,选择国内的品牌不仅能够减少开支,还可以得到较高的性价比和最便捷的服务。

在交换机的选型时,另一个值得关注的问题就是交换机品牌的系列性和兼容性。显然,同一品牌、同一系列或相近系列的交换机产品,在设计上有着专门的考究,彼此之间的兼容最好。因此,在进行核心层、汇聚层、接入层交换机选型时,应尽可能选择相同品牌及相同系列或相近系列的交换机产品。

四、实践操作

交换机选型如表 3-3 所示。

表 3-3　H3C 交换机性能指标

序号	类型	型号	数量	性 能 指 标
1	接入交换机	H3C S3100	40	背板带宽：19.2Gbps 包转发率：13.1Mpps
2	汇聚交换机	H3C S3600	18	传输速率：10/100/1000Mbps 端口数量：28 个 背板带宽：32Gbps 支持端口 VLAN(4094 个) 支持基于协议 VLAN 支持 VoiceVLAN 支持 GARP/GVRP 支持 VLANVPN(QinQ)，灵活 QinQ 支持 VLANTranslation 包转发率：12.8Mpps/16.4Mpps
3	核心交换机	H3C S7600	2	交换容量：5.12Tbps/12.8Tbps 包转发率：960Mpps/2400Mpps 槽位数量：4

模块 4　防火墙选型

一、教学目标

1. 掌握防火墙的选型要领。
2. 为项目选择合适的防火墙。

二、工作任务

1. 掌握当前主流防火墙的品牌、性能等情况。
2. 为项目选择合适的防火墙。

三、相关知识点

1. 防火墙的用途

防火墙是网络的安全屏障，工作在 OSI 模型的所有层面。其中，除物理层用于信道的连接，其余各层均执行安全策略；在数据链路层及网络层进行 MAC 地址与 IP 地址之间的绑定、转换、策略路由、URL 限制及数据包过滤；在传输层至应用层，对 TCP/UTP 端口过往的请求及服务、各种数据流等进行多种协议下的监控、审计、认证、阻塞及攻击防范。因此，利用防火墙可对内部网络进行有效的监控，实现内部网重点网段的安全隔离，防止敏感的网络安全漏洞对整个网络造成不良影响。由此可见，防火墙实质上是一台执行安全策略的"网关服务器"，其功能独特、性能卓越、价格昂贵。

鉴于防火墙的特殊性和重要性，从2009年5月1日起，我国开始对包括防火墙、安全路由器、入侵检测系统等在内的13种涉及信息安全的产品实行强制性检测认证，凡是未获得"中国信息安全认证"证书的产品，不得出厂、销售、进口或在其他经营活动中使用，不得进入政府采购。

防火墙类产品包括以防火墙功能为主体的软件或软硬件组合体、其他网络产品中的防火墙模块等，相应的强制性检测认证标准采用"GB/T 20281《信息安全技术防火墙技术要求和测试评价方法》"。依照该标准，防火墙产品分为三个安全等级，各等级的主要功能及用途如下。

第一级防火墙：包过滤、应用代理、NAT、流量统计、安全审计、管理。这是防火墙最基本的等级。

第二级防火墙：除包含第一级所有功能分类外，增加了状态检测、深度包检测、IP/MAC地址、动态开放端口、策略路由、带宽管理、双机热备、负载均衡等实用的网络安全管理功能。

第三级防火墙：除包含第一、二级所有功能分类外，增加了认证、加密、协同联动功能。

可见，安全等级越高，防火墙的安全功能及用途越强。但值得注意的是，防火墙并非"铜墙铁壁"，其本身也有局限性。防火墙的局限性主要表现如下。

（1）无法阻止绕过防火墙的攻击。

（2）无法阻止来自网络内部的攻击。

（3）不能防止因为配置不当而带来的安全威胁。

（4）无法阻止利用当前网络协议标准中的缺陷进行的攻击。

（5）在防止病毒攻击方面的能力不如专门的防杀毒软件。

（6）配置和管理的技术难度及成本明显高于其他的网络设备。

2. 防火墙的分类及性能参数

在网络工程中使用的防火墙主要分为软件防火墙和硬件防火墙两大类。其中，软件防火墙是一种以PC服务器及通用的操作系统为硬、软件平台的防火墙系统软件，如微软的ISA Server 2006；硬件防火墙将专用的操作系统和防火墙功能，集成到通用的CPU芯片平台或专用的ASIC片上。软硬件一体化防火墙有像华为、启明星辰、联想网御、天融信等品牌的硬件防火墙。软、硬件防火墙分别如图3-9所示。

瑞星个人防火墙   H3C SecPath F5000-A5系列防火墙

图3-9　软、硬件防火墙

软件防火墙和硬件防火墙在可靠性、灵活性、扩展性、安装使用、管理与维护等方面性能有较大的差异，两种防火墙的性能概括比较如表3-4所示。

表 3-4 软、硬件防火墙对比

性能/类型	软件防火墙	硬件防火墙
安全性	高	高
性能指标	依赖于硬件平台	高
运行效率	依赖于硬件平台	高
配置灵活	高	低
可靠性	依赖于操作系统、硬件平台	高
可扩展性	高	低
安装使用	较复杂	简单
管理与维护	较复杂	简单
适用范围	中、小型网络	中、大型网络
价格	低	高

软件防火墙性能的好坏与承载防火墙的 PC 关系密切,因此软件防火墙的性能不能自己主宰,也无法标称自身的性能指标。这正是软件防火墙的特点和薄弱环节,同时也是制约软件防火墙普及应用的重要原因。

性能参数是防火墙选型的重要依据。鉴于软件防火墙的性能不能自己主宰,无法标称性能参数,本节讨论的防火墙性能参数主要是针对硬件防火墙,这些参数主要包括吞吐量、延迟、最大并发连接数、最大连接速率。

(1)吞吐量是指在不丢包的情况下每秒钟通过防火墙的数据量,反映防火墙线速传输数据的速率,以 bps 为单位。吞吐量越大,防火墙的性能越强。高端防火墙的吞吐量通常在 1000Mbps 以上,中端防火墙的吞吐量通常为 500～1000Mbps,低端防火墙的吞吐量通常在 500Mbps 以下。国产的深信服 SANGFOR M5400 AC 防火墙的吞吐量为 700Mbps,属于中端防火墙。

(2)延迟是指发出的数据包进入防火墙后,防火墙对其进行检测、转换、审计等一系列处理,再转发出去时所造成的时间延迟量,以 L 为单位。延迟量越小,防火墙的性能越强。该指标对于多媒体数据的实时传输,如网络电话、视频会议、视频点播等应用尤为重要,延迟过大会造成音频的颤抖和视频的不畅,甚至中断。例如,锐捷 RG-WALL 1600 系列防火墙的包延迟量为 $40\mu s$,完全可以保障实时音频、视频数据流畅通过。

(3)最大并发连接数是指防火墙能够同时建立和保持点对点 TCP 连接的最大数目,反映防火墙对用户端的访问控制能力和连接状态跟踪能力,直接影响到防火墙所能支持的最大信息点数。显然,该指标越大,防火墙的性能越强。高端防火墙的最大并发连接数通常在 100000 以上,中端防火墙的最大并发连接数通常为 10000～100000,低端防火墙最大并发连接数通常在 10000 以下。例如,锐捷 RG-WALL 1600 系列防火墙的最大并发连接数 0.5 亿个,属于高端防火墙。

在实际应用中,由于每个用户可能同时打开多个网络应用,产生多个并发连接,因此,通常按用户节点数×10～20 倍来计算整个网络可能产生的最大并发连接数,以此作为防火墙选型的一项指标。

(4)最大连接速率主要体现了防火墙对于用户端连接请求的实时反应能力,通常以每秒新建连接数的指标来表示。该指标越高,防火墙的性能越强。例如,华为的 Eudemon 200 中端防火墙的最大连接速率为 10000 连接数/秒;高端防火墙 Eudemon 1000 的最大连接速率为 100000 连接数/秒，比 Eudemon 200 高 10 倍。

除了上述几项指标，为适应不同的应用需求，防火墙还应具备某些特定的性能指标，如丢包率、QoS、组播、VPN 类型及连接数目、PKI 认证、数据加密算法及安全过滤带宽、P2P/流媒体控制、内容过滤、过滤病毒种类及吞吐量、入侵检测的类型、双机热备、安全管理等。

3．防火墙的选型要领

防火墙的价格悬殊，低端产品通常为几千元至一万元左右，高端产品从十几万元到几十万元不等。鉴于防火墙的重要性和特殊性，在进行防火墙的选型时一定要周密考虑、精心挑选，避免选择不当造成的损失。例如两种较为典型现象：一是盲目追求高性能、高指标的高端防火墙产品，结果投入了大量的资金却有许多的功能、指标没用上，以致防火墙功能的大量闲置，巨额投资白白浪费；二是选择性能、配置低下的防火墙产品，导致网络出口出现瓶颈，网速变慢，影响网络系统的正常运行，既花了钱又没把事情办好。

自此，防火墙的选型是一项非常严谨的工作，应注意按照以下三个步骤进行：做好安全需求规划、精心挑选性能指标、确定具体品牌机型。

1）做好安全需求规划

在进行防火墙的选型前，必须事先做好网络安全方面的需求分析和规划，以便形成可供防火墙产品选型的参数依据。安全需求规划应着重关注和解决下列问题。

（1）防火墙的部署在什么位置、接入的端口有多少、出口带宽有多大？

（2）通过防火墙的用户节点数是多少、可能产生的最大并发连接数有多大，未来 3～5年内是否还有扩展？

（3）是否需要支持实时多媒体数据的传输，对延迟的需求有什么限制？

（4）是否需要支持 VPN 应用，对 VPN 的类型及连接数目有多大的需求？

（5）是否需要支持 PKI 认证、数据加密等高安全等级的服务，认证及加密的算法以及安全过滤带宽的需求有多大？

（6）是否需要支持对内容过滤、过滤病毒、垃圾邮件、广告等不良信息，以及入侵检测等方面的需求？

（7）是否对防火墙的双机热备、负载均衡、多机集群等方面的冗余性能有具体的需求？

（8）防火墙自身可靠性、易用性、管理的便利性等方面有什么具体的需求？

2）精心挑选性能指标

安全需求规划的基础上，有针对性地在众多的防火墙产品中依照各向安全需求指标进行具体选择，从中筛选出符合需求的若干种产品。

不同规模、不同位置、不同用途的防火墙，对安全需求指标的侧重点也有所不同。例如，大型网络系统的用户节点数众多，对防火墙的吞吐量、最大连接数、最大连接速率等指标的要求，要明显高于中、小型网络系统的防火墙；而对于部署在网络边界上的防火墙，对吞吐量、最大连接数、最大连接速率等指标的要求，比部署在网络内部的部门防火墙要高出许多；对支持实时音频、视频应用的防火墙，对延迟指标的要求较高；对于支持 VPN 连接应用的防火墙，在 VPN 的类型、连接数、数据加密算法、安全过滤带宽等指标有较高要求等。

在挑选防火墙的性能指标前，应先从众多的防火墙产品中初步选出功能适用的产品。然后，再通过各产品标称的参数指标进行详细对比，同时还要注意查阅权威机构针对相关产品的测评报告，在参数指标满足安全需求的产品中挑选出几种同类但不同品牌的防火墙。

若对某些关键指标不能确认时,可向厂商提出针对防火墙样机的检测请求,这一点对选购价格昂贵的高端防火墙产品尤为重要。

3)确定具体品牌机型

在上一步挑选出的若干种不同品牌的防火墙中,进一步进行产品价格、品牌成熟度、售后服务、用户评价等方面的比较,最终选定防火墙的具体品牌及机型。

目前防火墙的市场中,国外品牌主要有思科、微软、Juniper、Sonic WALL、Checkpoint等。而国内品牌众多,典型代表主要有天融信、启明星辰、联想网御、曙光、华为、锐捷、方正等。由于国内防火墙品牌的蓬勃发展和日益成熟,与外国品牌相比有许多的优势,例如功能全面、性价比高、管理和使用便利、售后服务本地化等,具有明显的竞争优势。因此,在进行防火墙的选型时,无论是出于对投资回报的预期还是对信息安全方面的周全考虑,优先选择国内品牌防火墙产品均不失为上策,不必迷信外国品牌。

四、实践操作

选用 H3C SecPath F100-A-SI 防火墙,性能如表 3-5 所示。

表 3-5　防火墙的性能

属　　性		说　　明
运行模式		路由模式;透明模式;混合模式
网络安全性	AAA 服务	Portal 认证、RADIUS 认证、HWTACACS 认证、PKI /CA(X,509 格式)认证、域认证、CHAP 验证、PAP 验证
	防火墙	安全区域划分;可以防御 Land、Smurf、Fraggle、Ping of Death、Tear Drop、IP Spoofing、IP 分片报文、ARP 欺骗、ARP 主动反向查询、TCP 报文标志位不合法超大 ICMP 报文、地址扫描、端口扫描、SYN Flood、UPD Flood、ICMP Flood 等多种恶意攻击;基础和扩展的访问控制列表;基于时间段的访问控制列表;动态包过滤
	病毒防护	基于病毒特征进行检测;支持病毒库手动和自动升级;报文流处理模式
	入侵防御	支持对黑客攻击、蠕虫/病毒、木马、恶意代码、间谍软件/广告软件、DoS/DDoS 等攻击的防御;支持缓冲区溢出、SQL 注入、IDS/IPS 逃逸等攻击的防御;支持对 BT 等 P2P/IM 识别和控制;支持攻击特征库的分类(根据攻击类型、目标机系统进行分类)、分级(分高、中、低、提示四级)
	URL 过滤	客户自定义 URL 过滤规则库 支持 Java Blocking、ActiveX Blocking 过滤
	NAT	支持多个内部地址映射到同一个公网地址;支持多个内部地址映射到多个公网地址;支持内部地址到公网地址一一映射
VPN	L2TP VPN	支持根据 VPN 用户完整用户名、用户域名向指定 LNS 发起连接;支持为 VPN 用户分配地址;支持进行 LCP 重协商和二次 CHAP 验证
	GRE VPN	
网络互联	局域网协议	Ethernet_II、Ethernet_SNAP、802.1q VLAN
	链路层协议	PPPoE Client
	IP 路由	静态路由、RIP v1/2、OSPF、BGP、策略路由
高可靠性		VRRP、支持双机状态热备(Active/Active 和 Active/Backup 两种工作模式)、支持负载分担和业务备份
QoS	流量监管	CAR

3.4　项目小结

　　网络的性能与功能主要体现在网络设备上,所以设备的选型直接关系到网络的性能,但设备的选择需要考虑费用、维护、招投标环节等实际情况。

3.5　项目习题

1. 简述服务器的用途与类型。
2. 什么是冗余技术? 服务器常用的冗余技术有哪些?
3. 简述路由器的用途及类型。
4. 在进行路由器的选型时,应注意哪些原则及要领?
5. 什么是包交换率? 什么是交换机的背板?
6. 在进行交换机的选型时,应注意哪些原则及要领?
7. 简述防火墙的用途及类型。
8. 简述防火选型的要领和步骤。

项目四　交换机配置

4.1　项 目 目 标

终极目标：
根据设计，完成核心层交换机、汇聚层交换机的关键性配置，并进行相应测试。

促成教学目标：
1. 掌握 VLAN 的概念。
2. 掌握划分出 VLAN 的方法。
3. 掌握实现 VLAN 间的路由。
4. 掌握生成树协议。
5. 掌握不同生成树协议的配置。
6. 掌握 VRRP 的工作原理与配置。

4.2　项 目 任 务

1. 根据滨江学院网络的情况，确定 VLAN 划分的方法。
2. 完成核心交换机上的 VALN 划分与路由。
3. 完成核心交换机上的生成树协议的配置。
4. 完成核心层交换机上的 VRRP 协议的配置。

模块 1　VLAN 规划

一、教学目标

1. 掌握核心层交换机中的 VLAN 分配原则。
2. 掌握 VLAN 划分出的方法。

二、工作任务

1. 以 11 号楼为例完成 VLAN 的划分配置。
2. 根据园区内网络规划，须划分 VLAN，实现对不同区域、不同性质用户的接入。

三、项目实施

图 4-1 所示为滨江学院校园网部分园区网络，其中 S1、S2 为核心层交换机，S3 为电教楼汇聚层交换机，S4~S6 为各楼层接入层交换机。网络中接入层、汇聚层、核心层交换机分

别采用 H3C S3100、H3C S7600、H3C S9500 交换机。

根据园区内网络规划,须划分 VLAN,实现对不同区域、不同性质用户的接入。

本模块的任务是完成对交换机 S4、S2 的 VLAN 配置,以实现对 S4 交换机所在 A 楼用户的接入。B、C、D 楼配置方式与 A 楼相同,因此在此以 A 楼为例。

电教楼中有外语部、社科部、经贸学院、公共机房等部门,现 IP 地址、VLAN 规划如表 4-1 所示(在划分 VLAN 时,根据用户数量、网点分布等因素考虑,地址的分配通常是一起考虑的)。

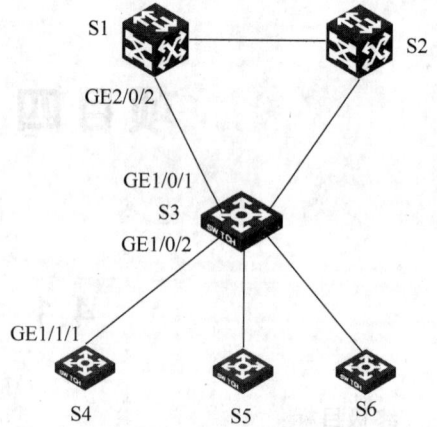

图 4-1 校园网部分结构

表 4-1 电教楼 VALN 划分情况表

用 户	VLAN ID	对应子网	子网网关(VLAN 接口地址)
公共机房 1	107	192.168.7.0/24	192.168.7.254
公共机房 2	108	192.168.8.0/24	192.168.8.254
外语部实训室 1	109	192.168.9.0/24	192.168.9.254
外语部实训室 2	110	192.168.10.0/24	192.168.10.254
经贸实训 1	111	192.168.11.0/24	192.168.11.254
经贸实训 2	112	192.168.12.0/24	192.168.122.254
办公用户	113	192.168.13.0/24	192.168.13.254

1. S1 配置

在汇聚层交换机 S1 上创建 VLAN,配置 VLAN 接口地址。

♯进入系统视图。

```
< h3c > system - view
```

♯创建各 VLAN。vlan 1 为校园网管理 VLAN。

```
[h3c]vlan 1
[h3c - vlan1]name manage
[h3c]quit
[h3c]vlan 107 to 113
```

♯创建 VLAN 接口,配置 VLAN 接口地址(系统视图)。

```
[h3c]interface vlan - interface 1
[h3c - vlan - interface1]ip address 192.168.254.1   255.255.255.255
[h3c - vlan - interface1]quit
[h3c]interface vlan - interface 107
[h3c - vlan - interface11]ip address 192.168.7.254 255.255.255.0
[h3c - vlan - interface11]quit
[h3c]interface vlan - interface 108
[h3c - vlan - interface12]ip address 192.168.8.254 255.255.255.0
[h3c - vlan - interface12]quit
```

```
[h3c]interface vlan - interface 109
[h3c - vlan - interface13]ip address 192.168.9.254  255.255.255.0
[h3c - vlan - interface13]quit
[h3c]interface vlan - interface 110
[h3c - vlan - interface14]ip address 192.168.10.254 255.255.255.0
[h3c - vlan - interface14]quit
[h3c]interface vlan - interface 111
[h3c - vlan - interface15]ip address 192.168.127.126 255.255.255.0
[h3c - vlan - interface15]quit
[h3c]interface vlan - interface 112
[h3c - vlan - interface16]ip address 192.168.112.126 255.255.255.0
[h3c - vlan - interface16]quit
[h3c]interface vlan - interface 113
[h3c - vlan - interface17]ip address 192.168.112.254 255.255.255.0
```

VLAN 接口地址即各 VLAN 对应子网的网关地址。VLAN 1 接口地址为设备管理地址,通常一个网络内指定某 VLAN 为管理 VLAN,这里 VLAN 1 为管理 VLAN。

♯配置 S1 对应的物理端口为 TRUNK 模式,并指定相应的 VLAN 允许通过(系统视图)。

♯S1 对的 GE 2/0/2 口与 S4 相连,须进行 VLAN 配置。

```
[h3c]Interface gigabitethernet 2/0/2
```

♯配置为 TRUNK 模式。

```
[h3c - gigabitethernet2/0/2]Port link - type trunk
```

♯简要端口描述。

```
[h3c - gigabitethernet2/0/2]Description to Lou A
```

♯指定允许通过的 VLAN ID。

```
[h3c - gigabitethernet2/0/2]Port trunk permit vlan 1 107 to 113
```

默认情况下,TRUNK 模式的端口 PVID 为 VLAN 1,无须特别设置。

2. S4 配置步骤

接入交换机 S4 提供对用户的最终接入,因此须对其各端口进行 VLAN 配置。这里假定 S4 为 H3C S3100,其中 eth 1/0/1～1/0/24 为 10M/100M 自适应电口,用于用户接入;GE 1/1/1 为 1000M 光口,通过多模光纤与 S2 的 GE 2/0/2 连接。根据部门、用户计算机数量网点数量、端口等情况综合考虑后,交换机上各端口 VLAN 配置计划如表 4-2 所示。

表 4-2　S4 交换机 VLAN 划分表

PORT	1	3	5	7	9	11	13	15	17	19	21	23
VLAN ID	17	17	11	17	12	17	13	17	14	17	16	17
MODE	ACESS	ACESS	ACESS	ACESS	ACESS	ACESS	ACESS	ACESS	ACESS	ACESS	ACESS	ACESS
PORT	2	4	6	8	10	12	14	16	18	20	22	24
VLAN ID	17	17	11	17	12	17	13	17	17	15	17	17
MODE	ACESS	ACESS	ACESS	ACESS	ACESS	ACESS	ACESS	ACESS	ACESS	ACESS	ACESS	ACESS

GE1/1/1 为上行口,因此为 TRUNK 模式,本交换机上配置所有 VLAN 均允许通过,并配置其 PVID 为 VLAN ID 1。

♯进入系统视图。

```
<h3c> System - view
```

♯VLAN1 作为管理 VLAN。

```
[h3c]Vlan 1
[h3c - vlan1]Name manage
[h3c - vlan1]quit
```

♯创建其他各类用户 VLAN。

```
[h3c]Vlan 107
[h3c - vlan11]Name GGJF1
[h3c - vlan11]quit
[h3c]Vlan 1108
[h3c - vlan12]Name GGJF2
[h3c - vlan12] quit
[h3c]Vlan 109
[h3c - vlan13]Name wyjf1
[h3c - vlan13] quit
[h3c]Vlan 110
[h3c - vlan14]Name wyjf2
[h3c - vlan14] quit
[h3c]Vlan 111
[h3c - vlan15]Name jmjf1
[h3c - vlan15] quit
[h3c]Vlan 112
[h3c - vlan16]Name jmjf2
[h3c - vlan16] quit
[h3c]Vlan 113
[h3c - vlan17]Name bangong
[h3c - vlan17] quit
```

♯S4 的 VLAN 1 接口地址配置,也即 S4 的设备管理地址。

```
[h3c]Interface vlan - interface 1
[h3c -- vlan - interface1]Ip address 192.168 254.8 255.255.255.0
```

ACCESS 模式端口加入 VLAN 可以有两种形式。比如 eht 1/0/21 属于 VLAN 16,可以有:

1) 为某 VLAN 加端口

```
[h3c]vlan 16
[h3c - vlan16]portethernet 1/0/21
```

端口默认的模式为 ACCESS 模式。
也可以用第二种方法。

2）为端口设 VLAN ID

```
[h3c]interfaceEthernet 1/0/21
[h3c-ethernet1/0/21]port access vlan 16
```

对其余的 VLAN 与端口配置如下。

```
[h3c]vlan 17
[h3c-vlan17]port Ethernet 1/0/1 to Ethernet 1/0/4 ethernet 1/0/7 to Ethernet 1/0/8 ethernet
1/0/11 to Ethernet 1/0/12 ethernet 1/0/15 to Ethernet 1/0/16 ethernet 1/0/18 to Ethernet 1/0/
19 ethernet 1/0/22 to Ethernet 1/0/24
[h3c-vlan17]quit
[h3c]vlan 11
[h3c-vlan11]port Ethernet 1/0/5 to ethernet 1/0/6
[h3c-vlan11]quit
[h3c]vlan 12
[h3c-vlan12]port Ethernet 1/0/9 to ethernet 1/0/10
[h3c-vlan12]quit
[h3c]vlan 13
[h3c-vlan13]port Ethernet 1/0/13 to ethernet 1/0/14
[h3c-vlan13]quit
[h3c]interface Ethernet 1/0/17
[h3c-ethernet1/0/17]port access vlan 14
[h3c-ethernet1/0/17]quit
```

GE1/1/1 端口为 TRUNK 模式，如下设置：

```
[h3c]interface gigabitethernet 1/1/1
[h3c-gigabitethernet1/1/1] port link-type trunk
[h3c-gigabitethernet1/1/1] port trunk permit vlan all
```

Vlan all 的写法表示允许所有 VLAN ID 数据帧通过，也可以具体列出 VLAN ID 号。如：

```
[h3c-gigabitethernet1/1/1] port trunk permit vlan 1 11 to 17
```

TRUNK 模式端口的默认 VLAN 是 VLAN 1，所以这里不需要特别配置。

3. S3 配置

1）♯S3 的 GE1/0/1 口与 S1 相连。

```
[h3c]Interface gigabitethernet 1/0/1
```

♯配置为 TRUNK 模式。

```
[h3c-gigabitethernet1/0/1]Port link-type trunk
```

♯简要端口描述。

```
[h3c-gigabitethernet1/0/1]Description to core
```

♯指定允许通过的 VLAN ID。

```
[h3c-gigabitethernet2/0/2]Port trunk permit vlan 1 107 to 113
```

默认情况下，TRUNK 模式的端口 PVID 为 VLAN 1，无须特别设置。

2)♯S3 的 GE1/0/2 口与 S1 相连。

[h3c]Interface gigabitethernet 1/0/2

♯配置为 TRUNK 模式。

[h3c-gigabitethernet1/0/2]Port link-type trunk

♯简要端口描述。

[h3c-gigabitethernet1/0/2]Description to LOUA

♯指定允许通过的 VLAN ID。

[h3c-gigabitethernet1/0/2]Port trunk permit vlan 1 107 to 113

默认情况下,TRUNK 模式的端口 PVID 为 VLAN 1,无须特别设置。

完成上述配置后,A 楼用户得以接入由 S2、S4 构成的区域网络,各 VLAN 内部用户间可实现数据交换,而实现跨 VLAN 访问,则是由 VLAN 间路由实现的,在模块 2 中进行详细分析。其他各楼与 A 楼情况类同。

模块 2 实现 VLAN 间路由

一、教学目标

1. 掌握 VLAN 间的路由。
2. 掌握 VLAN 间路由的策略。

二、工作任务

1. 完成核心交换机上 VLAN 路由的配置。
2. 完成为汇聚层交换机上路由的配置。

三、项目实施

图 4-2 所示为滨江学院校园网部分园区网络,其中 R1 为路由器,S1 为核心层交换机,S2、S3 为汇聚层交换机,S4~S7 为接入层交换机。S2、S3 位于两个不同区域,S4~S7 分别位于 A、B、C、D 楼宇。网络中接入层、汇聚层、核心层交换机分别采用 H3C S3100、H3C S7600、H3C S9500 交换机。各接口之间 IP 的情况参见表 4-3。

根据园区内网络规划,须划分 VLAN,实现对不同区域、不同性质用户的接入。

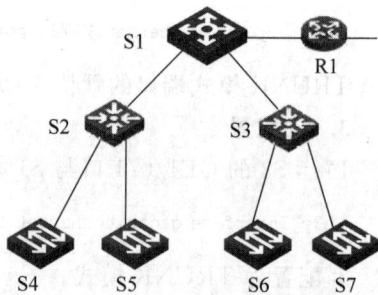

图 4-2 校园网络结构图

表 4-3 接口 IP 情况表

设 备	IP	子 网 掩 码
S2(与 S1 连接口)	192.168.254.61	255.255.255.0
S1(与 S2 连接口)	192.168.254.60	255.255.255.0
S3(与 S1 连接口)	192.168.254.62	255.255.255.0

在模块 1 任务中,在 S4、S2 交换机中均创建了基于端口的 VLAN,VLAN 作为一个广播域,同一 VLAN 内的不同用户之间通过 S4 或 S2 能直接进行数据帧交换。不同 VLAN 间访问由 VLAN 间路由实现。VLAN 间路由存在两种情况。

1. 在同一台三层交换机上终结的 VLAN 间的路由

如上述 S2 中所划各部门 VLAN 用户间,通过 S2 进行路由交换。

三层交换机也叫路由交换机,实现了三层路由转发与 VLAN 内二层交换功能。在模块 1 中,创建了 S2 中各个 VLAN 接口地址,也就是这些 VLAN 的默认网关地址。我们可以想象为三层交换机中有一个虚拟路由器 VR,VR 对应每个 VLAN 有这样一个虚拟接口,得以实现 VLAN 间路由。

对三层交换机进行配置实现 VLAN 间路由,是通过创建、配置 VLAN 接口来实现的。在模块 1 中,对 S2 的创建 VLAN 接口地址部分配置如下。

♯创建 VLAN 接口,配置 VLAN 接口地址(系统视图)。

```
[h3c]interface vlan - interface 1
[h3c - vlan - interface1]ip address 192.168.254.61 255.255.255.0
[h3c - vlan - interface1]quit
[h3c]interface vlan - interface 11
[h3c - vlan - interface11]ip address 192.168.1.254 255.255.255.0
[h3c - vlan - interface11]quit
[h3c]interface vlan - interface 12
[h3c - vlan - interface12]ip address 192.168.2.254 255.255.255.0
[h3c - vlan - interface12]quit
[h3c]interface vlan - interface 13
[h3c - vlan - interface13]ip address 192.168.126.126 255.255.255.128
[h3c - vlan - interface13]quit
[h3c]interface vlan - interface 14
[h3c - vlan - interface14]ip address 192.168.126.254 255.255.255.128
[h3c - vlan - interface14]quit
[h3c]interface vlan - interface 15
[h3c - vlan - interface15]ip address 192.168.127.126 255.255.255.128
[h3c - vlan - interface15]quit
[h3c]interface vlan - interface 16
[h3c - vlan - interface16]ip address 192.168.128.126 255.255.255.128
[h3c - vlan - interface16]quit
[h3c]interface vlan - interface 17
[h3c - vlan - interface17]ip address 192.168.132.254 255.255.255.0
```

通过上述配置,即实现了在三层交换机中上述 VLAN 之间的路由。三层交换机路由表中会出现访问对应子网的路由表项。

例如某 H3C 三层交换机,创建了 VLAN ID 为 32、33、34、35 的 4 个 VLAN,配置 VLAN 接口地址分别为 192.168.4.254/24、192.168.5.254/24、192.168.6.254/24、192.168.7.254/24。在系统视图下执行 disp ip routing-table,可以看到对应子网的路由出现在路由表中,如图 4-3 所示。只不过它们的下一跳地址均为 VLAN 接口地址,是一个虚拟接口地址。

```
Destination/Mask    Proto   Pre  Cost        NextHop        Interface
192.168.4.0/24      Direct  0    0           192.168.4.254  Vlan32
192.168.4.254/32    Direct  0    0           127.0.0.1      InLoop0
192.168.5.0/24      Direct  0    0           192.168.5.254  Vlan33
192.168.5.254/32    Direct  0    0           127.0.0.1      InLoop0
192.168.6.0/24      Direct  0    0           192.168.6.254  Vlan34
192.168.6.254/32    Direct  0    0           127.0.0.1      InLoop0
192.168.7.0/24      Direct  0    0           192.168.7.254  Vlan35
192.168.7.254/32    Direct  0    0           127.0.0.1      InLoop0
```

图 4-3　路由情况表

2. 不在同一台三层交换机上终结的 VLAN 间路由

如图 4-2 所示网络中,S2、S3 均作为汇聚层交换机,用户 VLAN 全部终结于 S2 或 S3,在核心层交换机 S1 中没有建用户 VLAN。R1 路由器连接广域网。

现假定 S3 中有一个旅游学院 VLAN(位于 C 楼),VLAN 接口地址为 192.168.50.254/24。那么 A 楼(接在 S4 上)办公用户 192.168.132.0/24 子网如何访问该 VLAN 呢?

通常,在接入层交换机 S4～S7 的配置中都会加一条指向其网关地址的默认路由配置。比如 S4 中:

```
<h3c>system-view
[h3c]ip route-static 0.0.0.0 0.0.0.0 192.168.254.61 preference 60
```

注意:192.168.254.61 是 S2 的 VLAN 1 接口地址。添加这样一条默认路由的原因是,S4 所接用户访问网络的目标地址不一定局限于 S2 所划的各个 VLAN,他们可能会访问 S3 中所划 VLAN,也可能访问广域网。这种情况下,需要通过添加静态路由实现报文转发。

在 S2 中我们也添加一条默认路由:

```
<h3c>system-view
[h3c]ip route-static 0.0.0.0 0.0.0.0 192.168.254.60 preference 60
```

这里 192.168.26.60 是核心交换机 S1 的 VLAN 1 接口地址。

这样访问广域网或 S3 中 VLAN 的报文会转发到 S1 核心交换机。

在 S1 中我们添加静态路由:

```
<h3c>system-view
```

＃添加到 192.168.50.254/24 的路由,192.168.254.62 是 S3 交换机 VLAN 1 接口地址。

```
[h3c]ip route-static 192.168.50.0 255.255.255.0 192.168.26.62 preference 60
```

＃添加到 192.168.132.0/24(S4 的办公用户 VLAN)的路由,192.168.26.61 为 S2 的 VLAN 1 接口地址。

```
[h3c]ip route-static 192.168.132.0 255.255.255.0 192.168.26.61 preference 60
```

通过上述设置,则 A 楼的办公 VLAN 用户与 C 楼的旅游学院 VLAN 用户之间实现相互访问。

其他跨核心层的 VLAN 间访问也须经过上述路由配置。

如果要实现 192.168.50.254/24、192.168.132.0/24 两个子网用户对广域网的访问,则

S1 中须再添加默认路由：

> [h3c]ip route - static 0.0.0.0 0.0.0.0 192.168.26.50 preference 60

其中 192.168.26.50 是路由器 R1 的内网口地址（我们配置为与交换机设备地址同一子网）。同时在 R1 路由器,须添加一条指向运营商 ISP 网关的默认路由,并添加一条目标地址为内网地址（如 192.168.0.0/16）下一跳地址为 S1 VLAN 1 口地址 192.168.26.60 的回指路由。

注意：(1) S1、S2、S3 相互连接的端口因为走的是三层路由,配置为默认的 ACCESS 模式即可,接端口的 VLAN ID 号均为 1(即管理 VLAN),端口的设置方法同模块 1。

(2) 其他 VLAN 用户要访问广域网,也必须在 S1 核心交换机中添加目标地址为对应子网的回指静态路由。

(3) 默认路由是在路由表中找不到目标地址匹配的路由时选择的路由。

模块 3　生成树协议

一、教学目标

1. 掌握生成树协议的概念。
2. 掌握在配置生成树协议的方法和原则。

二、工作任务

1. 完成核心交换机上生成树协议的配置。
2. 完成为汇聚层交换机上生成树协议的配置。

三、相关知识

Switch A 为核心层交换机、Switch B、Switch C 为汇聚层交换机、Switch D、Switch E、Switch F 为接入层交换机。

在汇聚层：Switch C 为 Switch B 的备份交换机,当 Switch B 出现故障时,由 Switch C 转发数据；Switch C 和 Switch B 之间通过两条链路相连,保证在一条链路发生故障时,另一条可以正常工作。

在接入层：Switch D、Switch E、Switch F 下面直接挂接用户的计算机,Switch D、Switch E、Switch F 分别通过一个端口与 Switch C、Switch B 相连在后面的配置步骤中将仅列出 RSTP 相关的配置。Switch A 作为树根,Switch D～Switch F 的 RSTP 配置基本一致,只列出 Switch D 上面的 RSTP 配置,如图 4-4 所示。

四、项目实施

1. Switch A 的配置

♯配置设备工作在 RSTP 兼容模式。

> < Switch A > system - view
> [SwitchA] stp mode rstp

♯配置 Switch A 为树根：
将 Switch A 的 Bridge 优先级配置为 0。

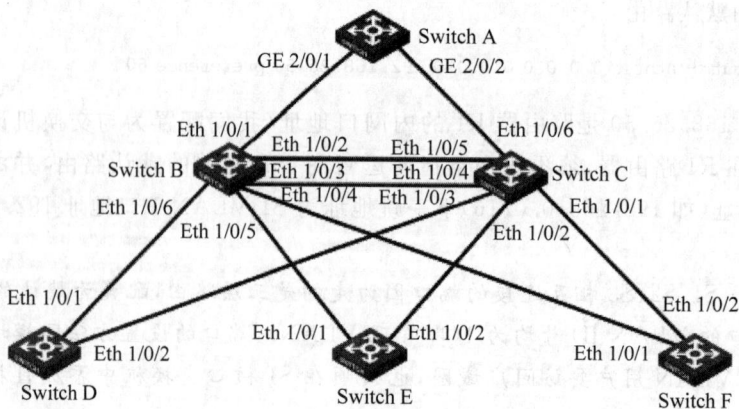

图 4-4   交换机网络示意图

```
[SwitchA] stp priority 0
```

#直接使用命令将 Switch A 指定为树根。

```
[SwitchA] stp root primary
```

#在与 Swtich B、Swtich C 相连的指定端口上启动根保护功能。

```
[SwitchA] interface GigabitEthernet 2/0/1
[SwitchA – GigabitEthernet2/0/1] stp root – protection
[SwitchA – GigabitEthernet2/0/1] quit
[SwitchA] interface GigabitEthernet 2/0/2
[SwitchA – GigabitEthernet2/0/2] stp root – protection
[SwitchA – GigabitEthernet2/0/2] quit
```

#启动 Switch A 的 TC 防攻击功能。

```
[SwitchA] stp tc-protection enable
```

#设备启动 RSTP。

```
[SwitchA] stp enable
```

#设备启动 RSTP 协议后,各个端口的 RSTP 默认为启动状态,在不参与 RSTP 计算的端口上关闭 RSTP。(此处仅以 GigabitEthernet 2/0/4 为例)

```
[SwitchA] interface GigabitEthernet 2/0/4
[SwitchA – GigabitEthernet2/0/4] stp disable
```

2. Switch B 的配置
#配置设备工作在 RSTP 兼容模式。

```
< SwitchB > system – view
[SwitchB] stp mode rstp
```

#配置 Switch C 和 Switch B 互为备份,将 Switch B 的 Bridge 优先级配置为 4096。

```
[SwitchB] stp priority 4096
```

＃在各个指定端口上启动根保护功能。

```
[SwitchB] interface Ethernet 1/0/4
[SwitchB - Ethernet1/0/4] stp root - protection
[SwitchB - Ethernet1/0/4] quit
[SwitchB] interface Ethernet 1/0/5
[SwitchB - Ethernet1/0/5] stp root - protection
[SwitchB - Ethernet1/0/5] quit
[SwitchB] interface Ethernet 1/0/6
[SwitchB - Ethernet1/0/6] stp root - protection
[SwitchB - Ethernet1/0/6] quit
```

＃设备启动 RSTP。

```
[SwitchB] stp enable
```

＃设备启动 RSTP 协议后,各个端口的 RSTP 默认为启动状态,在不参与 RSTP 计算的端口上关闭 RSTP。(此处仅以 Ethernet 1/0/8 为例)

```
[SwitchB] interface Ethernet 1/0/8
[SwitchB - Ethernet1/0/8] stp disable
```

＃ RSTP 的时间参数、端口上的参数都采用默认值。

3. Switch C 的配置

＃配置设备工作在 RSTP 兼容模式。

```
< SwitchC > system - view
[SwitchC] stp mode rstp
```

＃配置 Switch C 和 Switch B 互为备份,将 Switch C 的 Bridge 优先级配置为 8192。

```
[SwitchC] stp priority 8192
```

＃在各个指定端口上启动根保护功能。

```
[SwitchC] interface Ethernet 1/0/1
[SwitchC - Ethernet1/0/1] stp root - protection
[SwitchC - Ethernet1/0/1] quit
[SwitchC] interface Ethernet 1/0/2
[SwitchC - Ethernet1/0/2] stp root - protection
[SwitchC - Ethernet1/0/2] quit
[SwitchC] interface Ethernet 1/0/3
[SwitchC - Ethernet1/0/3] stp root - protection
[SwitchC - Ethernet1/0/3] quit
```

＃设备启动 RSTP。

```
[SwitchC] stp enable
```

＃设备启动 RSTP 协议后,各个端口的 RSTP 默认为启动状态,在不参与 RSTP 计算的端口上关闭 RSTP。(此处仅以 Ethernet 1/0/8 为例)

```
[SwitchC] interface Ethernet 1/0/8
[SwitchC - Ethernet1/0/8] stp disable
```

♯ RSTP 的时间参数、端口上的参数都采用默认值。

4. Switch D 的配置

♯配置设备工作在 RSTP 兼容模式。

```
<SwitchD> system - view
[SwitchD] stp mode rstp
```

♯将直接与用户相连的端口配置为边缘端口，并使能 BPDU 保护功能。（此处仅以 Ethernet 1/0/3 为例）

```
[SwitchD - Ethernet1/0/3] stp edged - port enable
[SwitchD - Ethernet1/0/3] quit
[SwitchD] stp bpdu - protection
```

♯设备启动 RSTP。

```
[SwitchD] stp enable
```

♯设备启动 RSTP 协议后，各个端口的 RSTP 默认为启动状态，在不参与 RSTP 计算的端口上关闭 RSTP。（此处仅以 Ethernet 1/0/3 为例）

```
[SwitchD] interface Ethernet 1/0/3
[SwitchD-Ethernet1/0/3] stp disable
```

♯ RSTP 的时间参数、端口的其他参数都采用默认值。
♯ Swicth E 和 F 的配置同 Swicth D。

模块 4   VRRP 协议

一、教学目标

1. 掌握 VRRP 协议的概念。
2. 掌握配置 VRRP 的方法和原则。

二、工作任务

1. 完成核心交换机上 VRRP 的配置。
2. 完成为汇聚层交换机上 VRRP 的配置。

三、相关知识

VRRP 是一种容错协议，在提高可靠性的同时，简化了主机的配置。在具有多播或广播能力的局域网（如以太网）中，借助 VRRP 能在某台设备出现故障时仍然提供高度可靠的默认链路，有效避免单一链路发生故障后网络中断的问题，而无须修改动态路由协议、路由发现协议等配置信息。

VRRP 将局域网内的一组交换机划分在一起，称为一个备份组。备份组由一个 Master 交换机和多个 Backup 交换机组成，功能上相当于一台虚拟路由器。

四、项目实施

根据 VRRP 协议原理，VRRP 备份组内的交换机根据优先级，选举出 Master 交换机，承担网关功能。当备份组内承担网关功能的 Master 交换机发生故障时，其余的交换机将取代它继续履行网关职责,从而保证网络内的主机不间断地与外部网络进行通信。

　　VRRP 根据优先级来确定备份组中每台交换机的角色(Master 交换机或 Backup 交换机)。优先级越高,则越有可能成为 Master 交换机。在本项目中,约一半 VLAN 设置成核心交换机 1 为 Master 核心交换机 2 为 Backup,另一半 VLAN 设置为核心交换机 1 为 Backup 核心交换机 2 为 Master。如此设计的好处是,既可以实现两台核心交换机的冗余备份,又可以实现负载分担,表 4-4 为交换机 VRRP 优先级设置表。

表 4-4　核心交换机 VRRP 优先级设置

VLAN ID	虚拟网关地址	核心交换机 1 优先级/状态	核心交换机 2 优先级/状态
101	192.168.1.254	110/Master	100/Backup
102	192.168.2.254	110/Master	100/Backup
103	192.168.3.254	110/Master	100/Backup
104	192.168.4.254	110/Master	100/Backup
105	192.168.5.254	110/Master	100/Backup
106	192.168.6.254	110/Master	100/Backup
107	192.168.7.254	110/Master	100/Backup
108	192.168.8.254	110/Master	100/Backup
109	192.168.9.254	110/Master	100/Backup
110	192.168.10.254	110/Master	100/Backup
111	192.168.11.254	110/Master	100/Backup
112	192.168.12.254	110/Master	100/Backup
113	192.168.13.254	110/Master	100/Backup
114	192.168.14.254	110/Master	100/Backup
115	192.168.15.254	110/Master	100/Backup
116	192.168.16.254	110/Master	100/Backup
117	192.168.17.254	110/Master	100/Backup
118	192.168.18.254	110/Master	100/Backup
119	192.168.19.254	110/Master	100/Backup
120	192.168.20.254	110/Master	100/Backup
121	192.168.21.254	110/Master	100/Backup
122	192.168.22.254	110/Master	100/Backup
123	192.168.23.254	110/Master	100/Backup
124	192.168.24.254	110/Master	100/Backup
125	192.168.25.254	110/Master	100/Backup
126	192.168.26.254	110/Master	100/Backup
127	192.168.27.254	100/Backup	110/Master
128	192.168.28.254	100/Backup	110/Master
129	192.168.29.254	100/Backup	110/Master
130	192.168.30.254	100/Backup	110/Master
131	192.168.31.254	100/Backup	110/Master
132	192.168.32.254	100/Backup	110/Master
133	192.168.33.254	100/Backup	110/Master

VLAN ID	虚拟网关地址	核心交换机1优先级/状态	核心交换机2优先级/状态
134	192.168.34.254	100/Backup	110/Master
135	192.168.35.254	100/Backup	110/Master
136	192.168.36.254	100/Backup	110/Master
137	192.168.37.254	100/Backup	110/Master
138	192.168.38.254	100/Backup	110/Master
139	192.168.39.254	100/Backup	110/Master
140	192.168.40.254	100/Backup	110/Master
141	192.168.41.254	100/Backup	110/Master
142	192.168.42.254	100/Backup	110/Master
143	192.168.43.254	100/Backup	110/Master
144	192.168.44.254	100/Backup	110/Master
145	192.168.45.254	100/Backup	110/Master
146	192.168.46.254	100/Backup	110/Master
147	192.168.47.254	100/Backup	110/Master
148	192.168.48.254	100/Backup	110/Master
149	192.168.49.254	100/Backup	110/Master
150	192.168.50.254	100/Backup	110/Master
151	192.168.51.254	100/Backup	110/Master
152	192.168.52.254	100/Backup	110/Master
1	192.168.254.254	100/Backup	110/Master

如图 4-5 所示,S9500-A、S9500-B 与多个汇聚层交换机连接。如 S9500-A VLAN 2 的接口 IP 地址为 2.1.1.1,S9500-B 的 VLAN 2 的接口 IP 地址为 2.1.1.2,并且设置虚拟路由器地址为 2.1.1.3,而主机 Host-A 通过设置自己的默认网关地址为 2.1.1.3 就可以访问 Internet。

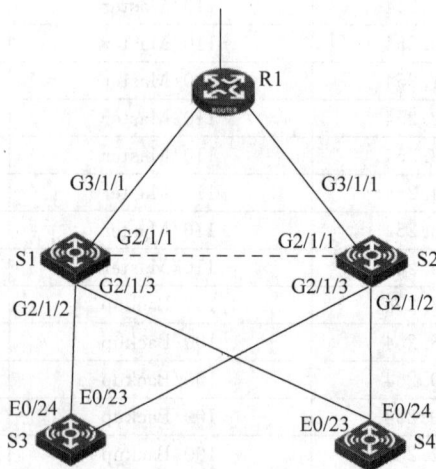

图 4-5　组网结构图

该组网是 VRRP 的一个典型组网,两台三层换机 S9500-A 和 S9500-B 组成多组 VRRP 备份组,如虚拟地址为 2.1.1.3 下挂二层设备,通过虚拟网关 2.1.1.3 就可以访问 Internet。当 S9500-A 和 S9500-B 中有一台由于某种原因不能正常工作时,另一台可以马上切换过来,从而保证不会断流。

S9500-A 和 S9500-B 形成两个虚拟备份组,其中 VLAN2 以 S9500-A 为 Master,S9500-B 为 Backup,VLAN3 以 S9500-B 为 Master,S9500-A 为 Backup;配置 S9500-A 监视 VLAN8 的虚接口,当 VLAN8 虚接口不可用时降低 VLAN2 VRRP 组的优先级,使其成为 Backup;配置 S9500-B 监视 VLAN9 的虚接口,当 VLAN9 虚接口不可用时降低 VLAN3 VRRP 组的优先级,使其成为 Backup。

1. 配置 S9500-A

♯ 配置 MSTP 实例。

```
[S9500 - A]stp enable
[S9500 - A]stp non - flooding
[S9500 - A]stp region - configuration
[S9500 - A - mst - region]region - name vrrp
[S9500 - A - mst - region]instance 2 vlan 2
[S9500 - A - mst - region]instance 3 vlan 3
[S9500 - A - mst - region]active region - configuration
[S9500 - A - mst - region]quit
[S9500 - A]stp instance 2 root primary
[S9500 - A]stp instance 3 root secondary
[S9500 - A]interface GigabitEthernet 3/1/1
[S9500 - A - GigabitEthernet3/1/1]stp disable
```

♯ 创建 VLAN 并配置接口地址。

```
< S9500 - A > system - view
[S9500 - A] vlan 2
[S9500 - A - vlan2] interface Vlan - interface 2
[S9500 - A - Vlan - interface2] ip address 2.1.1.1 8
[S9500 - A - Vlan - interface2] quit
[S9500 - A]vlan 3
[S9500 - A - vlan3]interface vlan 3
[S9500 - A - Vlan - interface3] ip address 3.1.1.1 8
[S9500 - A - Vlan - interface3] quit
[S9500 - A] vlan 8
[S9500 - A - vlan8] interface vlan 8
[S9500 - A - Vlan - interface8] ip address 8.1.1.1 8
[S9500 - A - Vlan - interface8] quit
```

♯ 配置端口加入 VLAN。

```
[S9500 - A] interface GigabitEthernet 3/1/1
[S9500 - A - GigabitEthernet3/1/1] port access vlan 8
[S9500 - A - GigabitEthernet3/1/1] quit
[S9500 - A] interface GigabitEthernet 2/1/1
[S9500 - A - GigabitEthernet2/1/1] port link - type trunk
[S9500 - A - GigabitEthernet2/1/1] undo port trunk permit vlan 1
```

```
[S9500 - A - GigabitEthernet2/1/1] port trunk permit vlan 2 to 3
[S9500 - A - GigabitEthernet2/1/1] quit
[S9500 - A] interface GigabitEthernet 2/1/2
[S9500 - A - GigabitEthernet2/1/2] port link - type trunk
[S9500 - A - GigabitEthernet2/1/2] undo port trunk permit vlan 1
[S9500 - A - GigabitEthernet2/1/2] port trunk permit vlan 2
[S9500 - A - GigabitEthernet2/1/2] quit
[S9500 - A] interface GigabitEthernet 2/1/3
[S9500 - A - GigabitEthernet2/1/3] port link - type trunk
[S9500 - A - GigabitEthernet2/1/3] undo port trunk permit vlan 1
[S9500 - A - GigabitEthernet2/1/3] port trunk permit vlan 3
[S9500 - A - GigabitEthernet2/1/3] quit
```

配置 VRRP 备份组。

```
[S9500 - A - Vlan - interface2] vrrp vrid 1 virtual - ip 2.1.1.3
[S9500 - A - Vlan - interface2] interface vlan 3
[S9500 - A - Vlan - interface2] quit
[S9500 - A] interface vlan 3
[S9500 - A - Vlan - interface3] vrrp vrid 1 virtual - ip 3.1.1.3
```

配置 VRRP 备份组的优先级和握手时间(可选)。

```
[S9500 - A - Vlan - interface2] vrrp vrid 1 priority 130
[S9500 - A - Vlan - interface2] vrrp vrid 1 timer advertise 2
```

配置监视接口,监视 VLAN 8 的虚接口。

```
[S9500 - A - Vlan - interface2] vrrp vrid 1 track Vlan - interface 8 reduced 40
```

2. 配置 S9500-B

配置 MSTP 实例。

```
[S9500 - B]stp enable
[S9500 - B]stp non - flooding
[S9500 - B]stp region - configuration
[S9500 - B - mst - region]region - name vrrp
[S9500 - B - mst - region]instance 2 vlan 2
[S9500 - B - mst - region]instance 3 vlan 3
[S9500 - B - mst - region]active region - configuration
[S9500 - B - mst - region]quit
[S9500 - B]stp instance 3 root primary
[S9500 - B]stp instance 2 root secondary
[S9500 - B]interface GigabitEthernet 3/1/1
[S9500 - B - GigabitEthernet3/1/1]stp disable
```

创建 VLAN 并配置接口地址。

```
< S9500 - B > system - view
[S9500 - B] vlan 2
[S9500 - B - vlan2] interface Vlan - interface 2
[S9500 - B - Vlan - interface2] ip address 2.1.1.2 8
[S9500 - B - Vlan - interface2] quit
[S9500 - B]vlan 3
```

```
[S9500 - B - vlan3]interface vlan 3
[S9500 - B - Vlan - interface3]ip address 3.1.1.2 8
[S9500 - B - Vlan - interface3] quit
[S9500 - B]vlan 9
[S9500 - B - vlan9]interface vlan 9
[S9500 - B - Vlan - interface9]ip address 9.1.1.1 8
[S9500 - B - Vlan - interface9] quit
```

♯ 配置端口加入 VLAN。

```
[S9500 - B]interface GigabitEthernet 3/1/1
[S9500 - B - GigabitEthernet3/1/1]port access vlan 9
[S9500 - B - GigabitEthernet3/1/1]quit
[S9500 - B]interface GigabitEthernet 2/1/1
[S9500 - B - GigabitEthernet2/1/1]port link - type trunk
[S9500 - B - GigabitEthernet2/1/1]undo port trunk permit vlan 1
[S9500 - B - GigabitEthernet2/1/1]port trunk permit vlan 2 to 3
[S9500 - B - GigabitEthernet2/1/1]quit
[S9500 - B]interface GigabitEthernet 2/1/2
[S9500 - B - GigabitEthernet2/1/2]port link - type trunk
[S9500 - B - GigabitEthernet2/1/2]undo port trunk permit vlan 1
[S9500 - B - GigabitEthernet2/1/2]port trunk permit vlan 3
[S9500 - B - GigabitEthernet2/1/2]quit
[S9500 - B]interface GigabitEthernet 2/1/3
[S9500 - B - GigabitEthernet2/1/3]port link - type trunk
[S9500 - B - GigabitEthernet2/1/3]undo port trunk permit vlan 1
[S9500 - B - GigabitEthernet2/1/3]port trunk permit vlan 2
[S9500 - B - GigabitEthernet2/1/3]quit
```

♯ 配置 VRRP 备份组。

```
[S9500 - B - Vlan - interface2] vrrp vrid 1 virtual - ip 2.1.1.3
[S9500 - B - Vlan - interface2] interface vlan 3
[S9500 - B - Vlan - interface3] vrrp vrid 1 virtual - ip 2.1.1.3
```

♯ 配置 VRRP 备份组的优先级和握手时间（可选）。

```
[S9500 - B - Vlan - interface3] vrrp vrid 1 priority 130
[S9500 - B - Vlan - interface3] interface vlan 2
[S9500 - B - Vlan - interface2] vrrp vrid 1 timer advertise 2
```

♯ 配置监视接口，监视 VLAN 9 的虚接口。

```
[S9500 - B - Vlan - interface3] vrrp vrid 1 track Vlan - interface 9 reduced 40
```

3. 配置 L2SW-A

```
[L2SW - A]ivlan 2
[L2SW - A]interface Ethernet 0/1
[L2SW - A - Ethernet0/1] port link - type trunk
[L2SW - A - Ethernet0/1] undo port trunk permit vlan 1
[L2SW - A - Ethernet0/1] port trunk permit vlan 2
[L2SW - A - Ethernet0/1]quit
[L2SW - A]interface Ethernet0/2
```

[L2SW - A - Ethernet0/2] port link - type trunk

[L2SW - A - Ethernet0/2] undo port trunk permit vlan 1

[L2SW - A - Ethernet0/2] port trunk permit vlan 2

[L2SW - A - Ethernet0/2]quit

[L2SW - A]interface Ethernet0/3

[L2SW - A - Ethernet0/3]port access vlan 2

4. 配置 L2SW-B

[L2SW - B]ivlan 3

[L2SW - B]interface Ethernet 0/1

[L2SW - B - Ethernet0/1] port link - type trunk

[L2SW - B - Ethernet0/1] undo port trunk permit vlan 1

[L2SW - B - Ethernet0/1] port trunk permit vlan 3

[L2SW - B - Ethernet0/1]quit

[L2SW - B]interface Ethernet0/2

[L2SW - B - Ethernet0/2] port link - type trunk

[L2SW - B - Ethernet0/2] undo port trunk permit vlan 1

[L2SW - B - Ethernet0/2] port trunk permit vlan 3

[L2SW - B - Ethernet0/2]quit

[L2SW - B]interface Ethernet0/3

[L2SW - B - Ethernet0/3]port access vlan 3

4.3 项 目 小 结

交换机是网络中数量最多也是最重要的设备,核心层交换机与汇聚层交换机的配置关系到网络各项功能的实现。

4.4 项 目 习 题

1. 交换机 VLAN 划分的方法及原则是什么?

2. STP 协议、RSTP 协议、MSTP 协议的不同之处是什么?

3. VRRP 协议中主、备设备确定的原则是什么?

4. VLAN 路由制定的原则是什么?

项目五　路由器配置

5.1　项 目 目 标

终极目标：

根据网络设计，完成路由器的配置与管理，实现路由器的各项功能。

促成教学目标：

1. 掌握 RIP 协议。

2. 掌握 OSPF 协议。

3. 掌握路由器的配置方法。

4. 掌握路由策略。

5.2　项 目 任 务

1. 根据设备选型选定的路由器进行路由器的配置与管理。

2. 完成路由器的与内外网的连接。

3. 完成路由功能的配置。

4. 完成相应 ACL 的配置与管理。

模块 1　RIP 协议

一、教学目标

1. 掌握 RIP 协议的相关知识。

2. 掌握 RIP 协议的配置。

二、工作任务

1. 根据网络的实际情况完成 RIP 协议的配置。

2. 完成路由器的相关配置。

三、相关知识点

1. 简介

RIP(Routing Information Protocol,路由信息协议)是一种较为简单的内部网关协议(Interior Gateway Protocol,IGP),主要用于规模较小的网络中,比如校园网以及结构较简单的地区性网络。对于更为复杂的环境和大型网络,一般不使用 RIP。

由于 RIP 的实现较为简单,在配置和维护管理方面也远比 OSPF 和 IS-IS 容易,因此在实际组网中仍有广泛的应用。

2. RIP 工作机制

1) RIP 的基本概念

RIP 是一种基于距离矢量(Distance-Vector,D-V)算法的协议,它通过 UDP 报文进行路由信息的交换,使用的端口号为 520。

RIP 使用跳数来衡量到达目的地址的距离,跳数称为度量值。在 RIP 中,路由器到与它直接相连网络的跳数为 0,通过一个路由器可达的网络的跳数为 1,其余以此类推。为限制收敛时间,RIP 规定度量值取 0~15 的整数,大于或等于 16 的跳数被定义为无穷大,即目的网络或主机不可达。由于这个限制,使得 RIP 不适合应用于大型网络。

为提高性能,防止产生路由环路,RIP 支持水平分割(Split Horizon)和毒性逆转(Poison Reverse)功能。

2) RIP 的路由数据库

每个运行 RIP 的路由器管理一个路由数据库,该路由数据库包含了到所有可达目的地的路由项,这些路由项包含下列信息。

目的地址:主机或网络的地址。

下一跳地址:为到达目的地,需要经过的相邻路由器的接口 IP 地址。

出接口:本路由器转发报文的出接口。

度量值:本路由器到达目的地的开销。

路由时间:从路由项最后一次被更新到现在所经过的时间,路由项每次被更新时,路由时间重置为 0。

路由标记(Route Tag):用于标识外部路由,在路由策略中可根据路由标记对路由信息进行灵活的控制。关于路由策略的详细信息,请参见“三层技术-IP 路由配置指导”中的“路由策略”。

3) RIP 定时器

RIP 受四个定时器的控制,分别是 Update、Timeout、Suppress 和 Garbage-Collect。

Update 定时器,定义了发送路由更新的时间间隔。

Timeout 定时器,定义了路由老化时间。如果在老化时间内没有收到关于某条路由的更新报文,则该条路由在路由表中的度量值将会被设置为 16。

Suppress 定时器,定义了 RIP 路由处于抑制状态的时长。当一条路由的度量值变为 16 时,该路由将进入抑制状态。在被抑制状态,只有来自同一邻居且度量值小于 16 的路由更新才会被路由器接收,取代不可达路由。

Garbage-Collect 定时器,定义了一条路由从度量值变为 16 开始,直到它从路由表里被删除所经过的时间。在 Garbage-Collect 时间内,RIP 以 16 作为度量值向外发送这条路由的更新,如果 Garbage-Collect 超时,该路由仍没有得到更新,则该路由将从路由表中被彻底删除。

4) 防止路由环路

RIP 是一种基于 D-V 算法的路由协议,由于它向邻居通告的是自己的路由表,存在发生路由环路的可能性。

RIP 通过以下机制来避免路由环路的产生。

计数到无穷(Counting to infinity):将度量值等于 16 的路由定义为不可达(infinity)。在路由环路发生时,某条路由的度量值将会增加到 16,该路由被认为不可达。

水平分割(Split Horizon):RIP 从某个接口学到的路由,不会从该接口再发回给邻居路由器。这样不但减少了带宽消耗,还可以防止路由环路。

毒性逆转(Poison Reverse):RIP 从某个接口学到路由后,将该路由的度量值设置为 16(不可达),并从原接口发回邻居路由器。利用这种方式,可以清除对方路由表中的无用信息。

触发更新(Triggered Updates):RIP 通过触发更新来避免在多个路由器之间形成路由环路的可能,而且可以加速网络的收敛速度。一旦某条路由的度量值发生了变化,就立刻向邻居路由器发布更新报文,而不是等到更新周期的到来。

四、项目实施

1. 组网需求

Router B 上运行两个 RIP 进程:RIP 100 和 RIP 200。Router B 通过 RIP 100 和 Router A 交换路由信息,通过 RIP 200 和 Router C 交换路由信息。

在 Router B 上配置 RIP 进程 200 引入外部路由,引入直连路由和 RIP 进程 100 的路由,使得 Router C 能够学习到达 10.2.1.0/24 和 11.1.1.0/24 的路由,但 Router A 不能学习到达 12.3.1.0/24 和 16.4.1.0/24 的路由。

在 Router B 配置过滤策略,对引入的 RIP 100 的一条路由(10.2.1.1/24)进行过滤,使其不发布给 Router C。

2. 组网图

图 5-1 所示为配置 RIP 引入外部路由组网图。

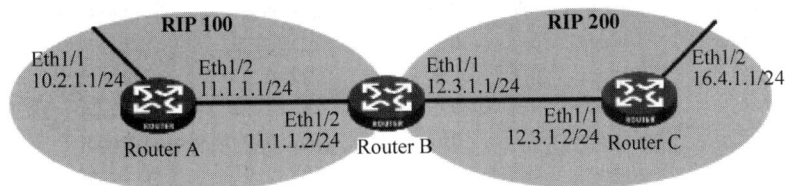

图 5-1 组网图

3. 配置步骤

1)配置各接口的 IP 地址

(略)

2)配置 RIP 基本功能

♯在 Router A 上启动 RIP 进程 100,并配置 RIP 版本号为 2。

```
<RouterA> system - view
[RouterA] rip 100
[RouterA - rip - 100] network 10.0.0.0
[RouterA - rip - 100] network 11.0.0.0
[RouterA - rip - 100] version 2
```

```
[RouterA - rip - 100] undo summary
[RouterA - rip - 100] quit
```

在 Router B 上启动两个 RIP 进程,进程号分别为 100 和 200,并配置 RIP 版本号为 2。

```
< RouterB > system - view
[RouterB] rip 100
[RouterB - rip - 100] network 11.0.0.0
[RouterB - rip - 100] version 2
[RouterB - rip - 100] undo summary
[RouterB - rip - 100] quit
[RouterB] rip 200
[RouterB - rip - 200] network 12.0.0.0
[RouterB - rip - 200] version 2
[RouterB - rip - 200] undo summary
[RouterB - rip - 200] quit
```

在 Router C 上启动 RIP 进程 200,并配置 RIP 版本号为 2。

```
< RouterC > system - view
[RouterC] rip 200
[RouterC - rip - 200] network 12.0.0.0
[RouterC - rip - 200] network 16.0.0.0
[RouterC - rip - 200] version 2
[RouterC - rip - 200] undo summary
```

查看 Router C 的路由表信息。

```
[RouterC] display ip routing - table
Routing Tables: Public
Destinations : 6            Routes : 6
Destination/Mask    Proto    Pre    Cost        NextHop        Interface
12.3.1.0/24         Direct    0      0          12.3.1.2       Eth1/1
12.3.1.2/32         Direct    0      0          127.0.0.1      InLoop0
16.4.1.0/24         Direct    0      0          16.4.1.1       Eth1/2
16.4.1.1/32         Direct    0      0          127.0.0.1      InLoop0
127.0.0.0/8         Direct    0      0          127.0.0.1      InLoop0
127.0.0.1/32        Direct    0      0          127.0.0.1      InLoop0
```

3) 配置 RIP 引入外部路由

在 Router B 配置 RIP 进程 200 引入外部路由,引入直连路由和 RIP 进程 100 的路由。

```
[RouterB] rip 200
[RouterB - rip - 200] import - route rip 100
[RouterB - rip - 200] import - route direct
[RouterB - rip - 200] quit
```

查看路由引入后 Router C 的路由表信息。

```
[RouterC] display ip routing - table
Routing Tables: Public
Destinations : 8            Routes : 8
```

Destination/Mask	Proto	Pre	Cost	NextHop	Interface
10.2.1.0/24	RIP	100	1	12.3.1.1	Eth1/1
11.1.1.0/24	RIP	100 1	1	2.3.1.1	Eth1/1
12.3.1.0/24	Direct	0	0	12.3.1.2	Eth1/1
12.3.1.2/32	Direct	0	0	127.0.0.1	InLoop0
16.4.1.0/24	Direct	0	0	16.4.1.1	Eth1/2
16.4.1.1/32	Direct	0	0	127.0.0.1	InLoop0
127.0.0.0/8	Direct	0	0	127.0.0.1	InLoop0
127.0.0.1/32	Direct	0	0	127.0.0.1	InLoop0

4）配置 RIP 对引入的路由进行过滤

♯在 Router B 上配置 ACL,并对引入的 RIP 进程 100 的路由进行过滤,使其不发布给 Router C。

```
[RouterB] acl number 2000
[RouterB-acl-basic-2000] rule deny source 10.2.1.1 0.0.0.255
[RouterB-acl-basic-2000] rule permit
[RouterB-acl-basic-2000] quit
[RouterB] rip 200
[RouterB-rip-200] filter-policy 2000 export rip 100
```

♯查看过滤后 Router C 的路由表。

```
[RouterC] display ip routing-table
Routing Tables: Public
Destinations : 7          Routes : 7
```

Destination/Mask	Proto	Pre	Cost	NextHop	Interface
11.1.1.0/24	RIP	100	1	12.3.1.1	Eth1/1
12.3.1.0/24	Direct	0	0	12.3.1.2	Eth1/1
12.3.1.2/32	Direct	0	0	127.0.0.1	InLoop0
16.4.1.0/24	Direct	0	0	16.4.1.1	Eth1/2
16.4.1.1/32	Direct	0	0	127.0.0.1	InLoop0
127.0.0.0/8	Direct	0	0	127.0.0.1	InLoop0
127.0.0.1/32	Direct	0	0	127.0.0.1	InLoop0

模块 2　OSPF 协议

一、教学目标

1. 掌握 OSPF 协议的相关知识。
2. 掌握 OSPF 协议的配置。

二、工作任务

1. 根据网络的实际情况完成 OSPF 协议的配置。
2. 完成路由器的相关配置。

三、相关知识点

OSPF(Open Shortest Path First,开放最短路径优先)是 IETF 组织开发的一个基于链路状态的内部网关协议。目前针对 IPv4 协议使用的是 OSPF Version 2(RFC 2328)。

85

1）自治系统（Autonomous System）

一组使用相同路由协议交换路由信息的路由器，缩写为 AS。

2）OSPF 路由的计算过程

同一个区域内，OSPF 协议路由的计算过程可简单描述如下。

每台 OSPF 路由器根据自己周围的网络拓扑结构生成 LSA（Link State Advertisement，链路状态通告），并通过更新报文将 LSA 发送给网络中的其他 OSPF 路由器。

每台 OSPF 路由器都会收集其他路由器通告的 LSA，所有的 LSA 放在一起便组成了 LSDB（Link State Database，链路状态数据库）。LSA 是对路由器周围网络拓扑结构的描述，LSDB 则是对整个自治系统的网络拓扑结构的描述。

OSPF 路由器将 LSDB 转换成一张带权的有向图，这张图便是对整个网络拓扑结构的真实反映。各个路由器得到的有向图是完全相同的。

每台路由器根据有向图，使用 SPF 算法计算出一棵以自己为根的最短路径树，这棵树给出了到自治系统中各节点的路由。

3）路由器 ID 号

一台运行 OSPF 协议路由器，每一个 OSPF 进程必须存在自己的 Router ID（路由器 ID）。Router ID 是一个 32 比特无符号整数，可以在一个自治系统中唯一地标识一台路由器。

4）OSPF 的协议报文

OSPF 有五种类型的协议报文。

（1）Hello 报文：周期性发送，用来发现和维持 OSPF 邻居关系。内容包括一些定时器的数值、DR（Designated Router，指定路由器）、BDR（Backup Designated Router，备份指定路由器）以及自己已知的邻居。

（2）DD（Database Description，数据库描述）报文：描述了本地 LSDB 中每一条 LSA 的摘要信息，用于两台路由器进行数据库同步。

（3）LSR（Link State Request，链路状态请求）报文：向对方请求所需的 LSA。两台路由器互相交换 DD 报文之后，得知对端的路由器有哪些 LSA 是本地的 LSDB 所缺少的，这时需要发送 LSR 报文向对方请求所需的 LSA。内容包括所需要的 LSA 的摘要。

（4）LSU（Link State Update，链路状态更新）报文：向对方发送其所需要的 LSA。

（5）LSAck（Link State Acknowledgment，链路状态确认）报文：用来对收到的 LSA 进行确认。内容是需要确认的 LSA 的 Header（一个报文可对多个 LSA 进行确认）。

5）LSA 的类型

OSPF 中对链路状态信息的描述都是封装在 LSA 中发布出去，常用的 LSA 有以下几种类型。

（1）Router LSA（Type1）：由每个路由器产生，描述路由器的链路状态和开销，在其始发的区域内传播。

（2）Network LSA（Type2）：由 DR 产生，描述本网段所有路由器的链路状态，在其始发的区域内传播。

（3）Network Summary LSA（Type3）：由 ABR（Area Border Router，区域边界路由器）产生，描述区域内某个网段的路由，并通告给其他区域。

（4）ASBR Summary LSA(Type4)：由 ABR 产生,描述到 ASBR(Autonomous System Boundary Router,自治系统边界路由器)的路由,通告给相关区域。

（5）AS External LSA(Type5)：由 ASBR 产生,描述到 AS(Autonomous System,自治系统)外部的路由,通告到所有的区域(除了 Stub 区域和 NSSA 区域)。

（6）NSSA External LSA(Type7)：由 NSSA(Not-So-Stubby Area)区域内的 ASBR 产生,描述到 AS 外部的路由,仅在 NSSA 区域内传播。

（7）Opaque LSA：是一个被提议的 LSA 类别,由标准的 LSA 头部后面跟随特殊应用的信息组成,可以直接由 OSPF 协议使用,或者由其他应用分发信息到整个 OSPF 域间接使用。Opaque LSA 分为 Type9、Type10、Type11 三种类型,泛洪区域不同;其中,Type9 的 Opaque LSA 仅在本地链路范围进行泛洪,Type10 的 Opaque LSA 仅在本地区域范围进行泛洪,Type11 的 LSA 可以在一个自治系统范围进行泛洪。

6）邻居和邻接

在 OSPF 中,邻居(Neighbor)和邻接(Adjacency)是两个不同的概念。

OSPF 路由器启动后,便会通过 OSPF 接口向外发送 Hello 报文。收到 Hello 报文的 OSPF 路由器会检查报文中所定义的参数,如果双方一致就会形成邻居关系。

形成邻居关系的双方不一定都能形成邻接关系,这要根据网络类型而定。只有当双方成功交换 DD 报文,交换 LSA 并达到 LSDB 的同步之后,才形成真正意义上的邻接关系。

四、项目实施

1. 组网需求

所有的路由器都运行 OSPF,并将整个自治系统划分为 3 个区域。其中 Router A 和 Router B 作为 ABR 来转发区域之间的路由。配置完成后,每台路由器都应学到 AS 内的到所有网段的路由。

2. 组网图

图 5-2 所示为 OSPF 组网图。

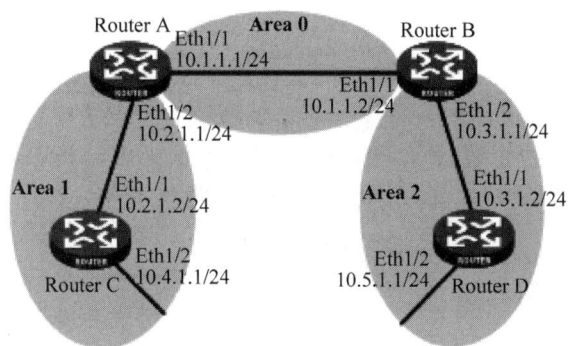

图 5-2　OSPF 组网图

3. 配置步骤

1）配置 OSPF 基本功能

＃配置 Router A。

```
<RouterA> system-view
[RouterA] ospf
[RouterA-ospf-1] area 0
[RouterA-ospf-1-area-0.0.0.0] network 10.1.1.0 0.0.0.255
[RouterA-ospf-1-area-0.0.0.0] quit
[RouterA-ospf-1] area 1
[RouterA-ospf-1-area-0.0.0.1] network 10.2.1.0 0.0.0.255
[RouterA-ospf-1-area-0.0.0.1] quit
[RouterA-ospf-1] quit
```

配置 Router B。

```
<RouterB> system-view
[RouterB] ospf
[RouterB-ospf-1] area 0
[RouterB-ospf-1-area-0.0.0.0] network 10.1.1.0 0.0.0.255
[RouterB-ospf-1-area-0.0.0.0] quit
[RouterB-ospf-1] area 2
[RouterB-ospf-1-area-0.0.0.2] network 10.3.1.0 0.0.0.255
[RouterB-ospf-1-area-0.0.0.2] quit
[RouterB-ospf-1] quit
```

配置 Router C。

```
<RouterC> system-view
[RouterC] ospf
[RouterC-ospf-1] area 1
[RouterC-ospf-1-area-0.0.0.1] network 10.2.1.0 0.0.0.255
[RouterC-ospf-1-area-0.0.0.1] network 10.4.1.0 0.0.0.255
[RouterC-ospf-1-area-0.0.0.1] quit
[RouterC-ospf-1] quit
```

配置 Router D。

```
<RouterD> system-view
[RouterD] ospf
[RouterD-ospf-1] area 2
[RouterD-ospf-1-area-0.0.0.2] network 10.3.1.0 0.0.0.255
[RouterD-ospf-1-area-0.0.0.2] network 10.5.1.0 0.0.0.255
[RouterD-ospf-1-area-0.0.0.2] quit
[RouterD-ospf-1] quit
```

2）检验配置结果
查看 Router A 的 OSPF 邻居。

```
[RouterA] display ospf peer verbose
OSPF Process 1 with Router ID 10.2.1.1
  Neighbors
  Area 0.0.0.0 interface 10.1.1.1(Ethernet1/1)'s neighbors
  Router ID: 10.3.1.1      Address: 10.1.1.2      GR State: Normal
```

```
    State: Full Mode: Nbr is Master Priority: 1
    DR: 10.1.1.1 BDR: 10.1.1.2 MTU: 0
    Dead timer due in 37 sec
    Neighbor is up for 06:03:59
    Authentication Sequence: [ 0 ]
    Neighbor state change count: 5
  Neighbors
Area 0.0.0.1 interface 10.2.1.1(Ethernet1/2)'s neighbors
 Router ID: 10.4.1.1    Address: 10.2.1.2    GR State: Normal
    State: Full Mode: Nbr is Master Priority: 1
    DR: 10.2.1.1 BDR: 10.2.1.2 MTU: 0
    Dead timer due in 32 sec
    Neighbor is up for 06:03:12
    Authentication Sequence: [ 0 ]
    Neighbor state change count: 5
```

＃显示 Router A 的 OSPF 路由信息。

```
[RouterA] display ospf routing
        OSPF Process 1 with Router ID 10.2.1.1
              Routing Tables
Routing for Network
Destination      Cost    Type     NextHop    AdvRouter   Area
10.2.1.0/24      1       Transit  10.2.1.1   10.2.1.1    0.0.0.1
10.3.1.0/24      2       Inter    10.1.1.2   10.3.1.1    0.0.0.0
10.4.1.0/24      2       Stub     10.2.1.2   10.4.1.1    0.0.0.1
10.5.1.0/24      3       Inter    10.1.1.2   10.3.1.1    0.0.0.0
10.1.1.0/24      1       Transit  10.1.1.1   10.2.1.1    0.0.0.0
  Total Nets: 5
Intra Area: 3  Inter Area: 2   ASE: 0   NSSA: 0
```

＃显示 Router A 的 LSDB。

```
[RouterA] display ospf lsdb
        OSPF Process 1 with Router ID 10.2.1.1
              Link State Database
                  Area: 0.0.0.0
Type        LinkState ID   AdvRouter    Age    Len   Sequence    Metric
Router      10.2.1.1       10.2.1.1     1069   36    80000012    0
Router      10.3.1.1       10.3.1.1     780    36    80000011    0
Network     10.1.1.1       10.2.1.1     1069   32    80000010    0
Sum-Net     10.5.1.0       10.3.1.1     780    28    80000003    1
Sum-Net     10.2.1.0       10.2.1.1     1069   28    8000000F    2
Sum-Net     10.3.1.0       10.3.1.1     780    28    80000014    2
Sum-Net     10.4.1.0       10.2.1.1     769    28    8000000F    1
                  Area: 0.0.0.1
Type        LinkState ID   AdvRouter    Age    Len   Sequence    Metric
Router      10.2.1.1       10.2.1.1     769    36    80000012    0
Router      10.4.1.1       10.4.1.1     1663   48    80000012    0
```

Network	10.2.1.1	10.2.1.1	769	32	80000010	0
Sum - Net	10.5.1.0	10.2.1.1	769	28	80000003	3
Sum - Net	10.3.1.0	10.2.1.1	1069	28	8000000F	2
Sum - Net	10.1.1.0	10.2.1.1	1069	28	8000000F	1
Sum - Asbr	10.3.1.1	10.2.1.1	1069	28	8000000F	1

♯查看 Router D 的路由表。

[RouterD] display ospf routing

             OSPF Process 1 with Router ID 10.5.1.1

                  Routing Tables

Routing for Network

Destination	Cost	Type	NextHop	AdvRouter	Area
10.2.1.0/24	3	Inter	10.3.1.1	10.3.1.1	0.0.0.2
10.3.1.0/24	1	Transit	10.3.1.2	10.3.1.1	0.0.0.2
10.4.1.0/24	4	Inter	10.3.1.1	10.3.1.1	0.0.0.2
10.5.1.0/24	1	Stub	10.5.1.1	10.5.1.1	0.0.0.2
10.1.1.0/24	2	Inter	10.3.1.1	10.3.1.1	0.0.0.2

Total Nets: 5

 Intra Area: 2 Inter Area: 3 ASE: 0 NSSA: 0

♯在 Router D 上使用 Ping 测试连通性。

[RouterD] ping 10.4.1.1

  ping 10.4.1.1: 56 data bytes, press CTRL_C to break

    reply from 10.4.1.1: bytes = 56 Sequence = 2 ttl = 253 time = 2 ms

    reply from 10.4.1.1: bytes = 56 Sequence = 2 ttl = 253 time = 1 ms

    reply from 10.4.1.1: bytes = 56 Sequence = 3 ttl = 253 time = 1 ms

    reply from 10.4.1.1: bytes = 56 Sequence = 4 ttl = 253 time = 1 ms

    reply from 10.4.1.1: bytes = 56 Sequence = 5 ttl = 253 time = 1 ms

    --- 10.4.1.1 ping statistics ---

  5 packet(s) transmitted

  5 packet(s) received

  0.00 % packet loss

round - trip min/avg/max = 1/1/2 ms

模块 3　路由策略

一、教学目标

1. 掌握路由策略的相关知识。

2. 掌握路由策略的配置。

二、工作任务

1. 根据网络的实际情况完成路由策略的配置。

2. 完成路由器的相关配置。

三、相关知识点

路由策略(Routing Policy)是为了改变网络流量所经过的途径而修改路由信息的技术，

主要通过改变路由属性(包括可达性)来实现。

1)路由策略的应用

路由策略的应用灵活广泛,主要有以下几种方式。

(1)控制路由的发布。路由协议在发布路由信息时,通过路由策略对路由信息进行过滤,只发布满足条件的路由信息。

(2)控制路由的接收。路由协议在接收路由信息时,通过路由策略对路由信息进行过滤,只接收满足条件的路由信息,可以控制路由表项的数量,提高网络的安全性。

(3)管理引入的路由。路由协议在引入其他路由协议发现的路由时,通过路由策略只引入满足条件的路由信息,并控制所引入的路由信息的某些属性,以使其满足本协议的要求。

(4)设置路由的属性。对通过路由策略的路由设置相应的属性。

2)路由策略的实现

路由策略的实现步骤如下。

(1)定义将要实施路由策略的路由信息的特征,即定义一组匹配规则。可以用路由信息中的不同属性作为匹配依据进行设置,如目的地址、发布路由信息的路由器地址等。

(2)将匹配规则应用于路由的发布、接收和引入等过程的路由策略中。

可以灵活使用过滤器来定义各种匹配规则,过滤器的相关内容见下一节介绍。

3)过滤器

过滤器可以看作路由策略过滤路由的工具,单独配置的过滤器没有任何过滤效果,只有在路由协议的相关命令中应用这些过滤器,才能够达到预期的过滤效果。

路由协议可以引用访问控制列表、地址前缀列表、AS路径访问列表、团体属性列表、扩展团体属性列表、路由策略过滤器。下面对各种过滤器逐一进行介绍。

(1)访问控制列表。访问控制列表包括针对IPv4报文的ACL和针对IPv6报文的ACL。用户在定义ACL时可以指定IP(v6)地址和子网范围,用于匹配路由信息的目的网段地址或下一跳地址。

ACL的相关内容请参见"ACL和QoS配置指导"中的"ACL"。

(2)地址前缀列表。地址前缀列表包括IPv4地址前缀列表和IPv6地址前缀列表。

地址前缀列表的作用类似于ACL,但比它更为灵活,且更易于用户理解。使用地址前缀列表过滤路由信息时,其匹配对象为路由信息的目的地址信息域;另外,用户可以指定gateway选项,指明只接收某些路由器发布的路由信息。关于gateway选项的设置请参见"三层技术-IP路由命令参考"中的RIP和OSPF。

一个地址前缀列表由前缀列表名标识。每个前缀列表可以包含多个表项,每个表项可以独立指定一个网络前缀形式的匹配范围,并用一个索引号来标识,索引号指明了在地址前缀列表中进行匹配检查的顺序。

每个表项之间是"或"的关系。在匹配的过程中,路由器按升序依次检查由索引号标识的各个表项,只要有某一表项满足条件,就意味着通过该地址前缀列表的过滤(不再进入下一个表项的测试)。

(3)AS路径访问列表(as-path)。as-path仅用于BGP。BGP的路由信息中,包含有自治系统路径域。as-path就是针对自治系统路径域指定匹配条件。

as-path 的相关内容请参见"三层技术-IP 路由配置指导"中的 BGP。

（4）团体属性列表（community-list）。community-list 仅用于 BGP。BGP 的路由信息包中，包含一个 community 属性域，用来标识一个团体。community-list 就是针对团体属性域指定匹配条件。

团体属性列表的相关内容请参见"三层技术-IP 路由配置指导"中的 BGP。

（5）扩展团体属性列表（extcommunity-list）。extcommunity-list 仅用于 BGP。BGP 扩展团体属性有两种，一种是用于 VPN 的 Route-Target（路由目标）扩展团体，另一种则是 Source of Origin（源节点）扩展团体。扩展团体属性列表就是针对这两种属性指定匹配条件。

扩展团体属性列表的相关内容请参见"MPLS 配置指导"中的 MPLS L3VPN。

（6）路由策略。路由策略是一种比较复杂的过滤器，它不仅可以匹配路由信息的某些属性，还可以在条件满足时改变路由信息的属性。路由策略可以使用前面几种过滤器定义自己的匹配规则。

一个路由策略可以由多个节点（node）构成，每个节点是匹配检查的一个单元，在匹配过程中，系统按节点序号升序依次检查各个节点。不同节点间是"或"的关系，如果通过了其中一个节点，就意味着通过该路由策略，不再对其他节点进行匹配。

每个节点可以由一组 if-match、apply 和 continue 子句组成。

if-match 子句定义匹配规则，匹配对象是路由信息的一些属性。同一节点中的不同 if-match 子句是"与"的关系，只有满足节点内所有 if-match 子句指定的匹配条件，才能通过该节点的匹配测试。

apply 子句指定动作，也就是在通过节点的匹配后，对路由信息的一些属性进行设置。

continue 子句用来配置下一个执行节点。当路由成功匹配当前路由策略节点时，可以指定路由继续匹配同一路由策略内的下一个节点，这样可以组合路由策略各个节点的 if-match 子句和 apply 子句，增强路由策略的灵活性。

if-match、apply 和 continue 子句可以根据应用进行设置，都是可选的。

如果只过滤路由，不设置路由的属性，则不需要使用 apply 子句。

如果某个 permit 节点没有配置任何 if-match 子句，则该节点匹配所有的路由。

通常在多个 deny 节点后设置一个不含 if-match 子句和 apply 子句的 permit 节点，用于允许其他的路由通过。

四、项目实施

1. 组网需求

如图 5-3 所示，Router B 与 Router A 之间通过 OSPF 协议交换路由信息，与 Router C 之间通过 IS-IS 协议交换路由信息。

要求在 Router B 上配置路由引入，将 IS-IS 路由引入 OSPF 中，并同时使用路由策略设置路由的属性。其中，设置 172.17.1.0/24 的路由的开销为 100，设置 172.17.2.0/24 的路由的 Tag 属性为 20。

2. 组网图

图 5-3 所示为在 IPv4 路由引入中应用路由策略组网图。

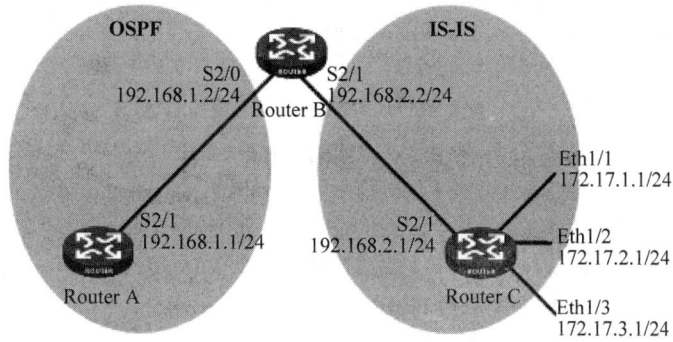

图 5-3　路由策略

3. 配置步骤

1）配置 IS-IS 路由协议

♯ 配置 Router C。

```
< RouterC > system - view
[ RouterC ] isis
[ RouterC - isis - 1] is - level level - 2
[ RouterC - isis - 1] network - entity 10. 0000. 0000. 0001. 00
[ RouterC - isis - 1] quit
[ RouterC ] interface serial 2/1
[ RouterC - Serial2/1] isis enable
[ RouterC - Serial2/1] quit
[ RouterC ] interface ethernet 1/1
[ RouterC - Ethernet1/1] isis enable
[ RouterC - Ethernet1/1] quit
[ RouterC ] interface ethernet 1/2
[ RouterC - Ethernet1/2] isis enable
[ RouterC - Ethernet1/2] quit
[ RouterC ] interface ethernet 1/3
[ RouterC - Ethernet1/3] isis enable
[ RouterC - Ethernet1/3] quit
```

♯ 配置 Router B。

```
< RouterB > system - view
[ RouterB ] isis
[ RouterB - isis - 1] is - level level - 2
[ RouterB - isis - 1] network - entity 10. 0000. 0000. 0002. 00
[ RouterB - isis - 1] quit
[ RouterB ] interface serial 2/1
[ RouterB - Serial2/1] isis enable
[ RouterB - Serial2/1] quit
```

2）配置 OSPF 路由协议及路由引入

♯ 配置 Router A,启动 OSPF。

```
< RouterA > system - view
[ RouterA ] ospf
```

```
[RouterA - ospf - 1] area 0
[RouterA - ospf - 1 - area - 0.0.0.0] network 192.168.1.0 0.0.0.255
[RouterA - ospf - 1 - area - 0.0.0.0] quit
[RouterA - ospf - 1] quit
```

♯ 配置 RouterB，启动 OSPF，并引入 IS-IS 路由。

```
[RouterB] ospf
[RouterB - ospf - 1] area 0
[RouterB - ospf - 1 - area - 0.0.0.0] network 192.168.1.0 0.0.0.255
[RouterB - ospf - 1 - area - 0.0.0.0] quit
[RouterB - ospf - 1] import - route isis 1
[RouterB - ospf - 1] quit
```

♯ 查看 Router A 的 OSPF 路由表，可以看到引入的路由。

```
[RouterA] display ospf routing
OSPF Process 1 with Router ID 192.168.1.1
Routing Tables
Routing for Network
 Destination    Cost       Type       NextHop       AdvRouter     Area
 192.168.1.0/24 1          Transit    192.168.1.1   192.168.1.1   0.0.0.0
Routing for ASEs
 Destination    Cost       Type       Tag        NextHop       AdvRouter
 172.17.1.0/24  1          Type2      1          192.168.1.2   192.168.2.2
 172.17.2.0/24  1          Type2      1          192.168.1.2   192.168.2.2
 172.17.3.0/24  1          Type2      1          192.168.1.2   192.168.2.2
 192.168.2.0/24 1          Type2      1          192.168.1.2   192.168.2.2
Total Nets: 5
 Intra Area: 1  Inter Area: 0   ASE: 4   NSSA: 0
```

3）配置过滤列表

♯ 配置编号为 2002 的 ACL，允许 172.17.2.0/24 的路由通过。

```
[RouterB] acl number 2002
[RouterB - acl - basic - 2002] rule permit source 172.17.2.0 0.0.0.255
[RouterB - acl - basic - 2002] quit
```

♯ 配置名为 prefix-a 的地址前缀列表，允许 172.17.1.0/24 的路由通过。

```
[RouterB] ip ip-prefix prefix - a index 10 permit 172.17.1.0 24
```

4）配置路由策略

```
[RouterB] route - policy isis2ospf permit node 10
[RouterB - route - policy] if - match ip - prefix prefix - a
[RouterB - route - policy] apply cost 100
[RouterB - route - policy] quit
[RouterB] route - policy isis2ospf permit node 20
[RouterB - route - policy] if - match acl 2002
[RouterB - route - policy] apply tag 20
[RouterB - route - policy] quit
[RouterB] route - policy isis2ospf permit node 30
[RouterB - route - policy] quit
```

5）在路由引入时应用路由策略

♯配置 Router B,设置在路由引入时应用路由策略。

```
[RouterB] ospf
[RouterB - ospf - 1] import - route isis 1 route - policy isis2ospf
[RouterB - ospf - 1] quit
```

♯查看 Router A 的 OSPF 路由表,可以看到目的地址为 172.17.1.0/24 的路由的开销为 100,目的地址为 172.17.2.0/24 的路由的标记域(Tag)为 20,而其他外部路由没有变化。

```
[RouterA] display ospf routing
OSPF Process 1 with Router ID 192.168.1.1
                 Routing Tables
Routing for Network
Destination      Cost         Type         NextHop       AdvRouter     Area
192.168.1.0/24   1            Transit      192.168.1.1   192.168.1.1   0.0.0.0
Routing for ASEs
Destination      Cost         Type         Tag           NextHop       AdvRouter
172.17.1.0/24    100          Type2        1             192.168.1.2   192.168.2.2
172.17.2.0/24    1            Type2        20            192.168.1.2   192.168.2.2

172.17.3.0/24    1            Type2        1             192.168.1.2   192.168.2.2
192.168.2.0/24   1            Type2        1             192.168.1.2   192.168.2.2
Total Nets: 5
Intra Area: 1   Inter Area: 0   ASE: 4   NSSA: 0
```

5.3 项目小结

路由器是内外网络连接的关键设备,网络设备性能的好与坏直接关系到校园网的外网访问速度。而路由器中最关键的功能是路由功能的实现,因此要很好地掌握相关的 RIP、OSPF、静态路由、路由策略等配置。

5.4 项目习题

1. 选路由协议为什么要分内部选路协议和外部选路协议?这种区分与选路分层是否有关?

2. 开放最短路径优先(OSPF)是一种什么样的协议?请说出它的主要特点。

3. 简述选路信息协议(RIP)的工作方式和基本工作原理,并说明 RIP 协议的主要优缺点是什么。

4. 在混合和使用路由协议时,都应该注意哪些?

5. 动态选路协议是否一定比静态选路协议要好?为什么有时候选用默认选路协议更合适?

项目六 实施广域网

6.1 项目目标

终极目标：

根据设计，本项目主要目标是解决企业网络的广域网接入，对其实施广域网接入。

促成教学目标：

1. 熟悉与了解广域网接入的常见模式、常用设备，各自起到的功能与作用。
2. 能够配置常见的网络接入设备的常用功能，并在工程中进行安装调试。
3. 掌握常用的广域网接入协议 PAP。
4. 掌握常用的广域网接入协议 L2TP。
5. 掌握常用的广域网接入协议 PPP。

6.2 项目任务

1. 掌握常见的广域网接入模式。
2. 通过了解滨江学院网络的用户需求，完成广域网的物理学连接。
3. 完成路由器的广域网接入协议配置。

模块　网络接入拓扑及网络设备

一、教学目标

1. 掌握常用的广域网接入协议。
2. 掌握常用的广域网接入模式。

二、工作任务

1. 完成广域网的设备连接。
2. 配置好广域网接入协议。

三、相关知识点

（1）局域网—路由器—广域网，如图 6-1 所示。

比如家庭用户的 Internet 接入，如 ADSL 接入，用户家的 ADSL 路由器运行于路由器的角色，起到路由、NAT 地址转换的作用。

图 6-1　广域网接入模式 1

（2）局域网—防火墙—路由器—广域网，如图 6-2 所示。

图 6-2　广域网接入模式 2

该模式适用于多数大中型单位网络接入。路由器起到路由、NAT 地址转换作用，防火墙常运行于透明模式下，对内外网间数据访问流量进行更具体的控制，能够进一步加强网络的安全性。

另外目前市场上还有一些 IPS（入侵防护系统）/IDS（入侵检测系统）类产品，它们也可以放在防火墙的位置，或者加入串接。

广域网接入典型的情形是接入 Internet。通常，用户单位网络此时便俗称内网，Internet 此时便是俗称的外网。我们在本项目中，便是要把校园网这个内网接入到外网去。

四、项目实施

1. PAP 接入组网需求

如图 6-3 所示，Router A 和 Router B 之间用接口 Serial2/1/0 互连，要求 Router A 用 PAP 方式认证 Router B，Router B 不需要对 Router A 进行认证。

图 6-3　配置 PAP 单向认证组网图

2. 组网图

（略）

3. 配置步骤

1）配置 Router A

♯为 Router B 创建本地用户。

```
<RouterA> system-view
[RouterA] local-user userb class network
```

♯设置本地用户的密码。

```
[RouterA-luser-network-userb] password simple passb
```

♯设置本地用户的服务类型为 PPP。

```
[RouterA-luser-network-userb] service-type ppp
```

[RouterA - luser - network - userb] quit

♯配置接口封装的链路层协议为 PPP(默认情况下,接口封装的链路层协议为 PPP,此步骤可选)。

[RouterA] interface serial 2/1/0
[RouterA - Serial2/1/0] link - protocol ppp

♯配置本地认证 Router B 的方式为 PAP。

[RouterA - Serial2/1/0] ppp authentication - mode pap domain system

♯配置接口的 IP 地址。

[RouterA - Serial2/1/0] ip address 200.1.1.1 16
[RouterA - Serial2/1/0] quit

♯在系统默认的 ISP 域 system 下,配置 PPP 用户使用本地认证方案。

[RouterA] domain system
[RouterA - isp - system] authentication ppp local

2) 配置 Router B

♯配置接口封装的链路层协议为 PPP(默认情况下,接口封装的链路层协议为 PPP,此步骤可选)。

< RouterB > system - view
[RouterB] interface serial 2/1/0
[RouterB - Serial2/1/0] link - protocol ppp

♯配置本地被 Router A 以 PAP 方式认证时 Router B 发送的 PAP 用户名和密码。

[RouterB - Serial2/1/0] ppp pap local - user userb password simple passb

♯配置接口的 IP 地址。

[RouterB - Serial2/1/0] ip address 200.1.1.2 16

4. 验证配置

通过 display interface serial 命令,查看接口 Serial2/1/0 的信息,发现接口的物理层和链路层的状态都是 up 状态,并且 PPP 的 LCP 和 IPCP 都是 opened 状态,说明链路的 PPP 协商已经成功,并且 Router A 和 Router B 可以互相 ping 通对方。

[RouterB - Serial2/1/0] display interface serial 2/1/0
Serial2/1/0
Current state: UP
Line protocol state: UP
Description: Serial2/1/0 Interface
Bandwidth: 64kbps
Maximum Transmit Unit: 1500
Internet Address: 200.1.1.2/16 Primary
Link layer protocol: PPP
LCP: opened, IPCP: opened

```
[RouterB - Serial2/1/0] ping 200.1.1.1
Ping 200.1.1.1 (200.1.1.1): 56 data bytes, press CTRL_C to break
56 bytes from 200.1.1.1: icmp_seq = 0 ttl = 128 time = 3.197 ms
56 bytes from 200.1.1.1: icmp_seq = 1 ttl = 128 time = 2.594 ms
56 bytes from 200.1.1.1: icmp_seq = 2 ttl = 128 time = 2.739 ms
56 bytes from 200.1.1.1: icmp_seq = 3 ttl = 128 time = 1.738 ms
56 bytes from 200.1.1.1: icmp_seq = 4 ttl = 128 time = 1.744 ms

--- Ping statistics for 200.1.1.1 ---
5 packet(s) transmitted, 5 packet(s) received, 0.0 % packet loss
round - trip min/avg/max/std - dev = 1.738/2.402/3.197/0.576 ms
```

5. L2TP 组网需求

如图 6-4 所示，Router A 和 Router B 之间用接口 Serial2/1/0 互连，要求 Router A 用 PAP 方式认证 Router B，Router B 不需要对 Router A 进行认证。

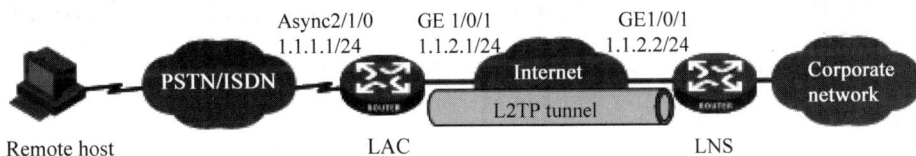

图 6-4　配置 PAP 单向认证组网图

6. 组网图

（略）

7. 配置步骤

1）配置 Router A

♯为 Router B 创建本地用户。

```
< RouterA > system - view
[RouterA] local - user userb class network
```

♯设置本地用户的密码。

```
[RouterA - luser - network - userb] password simple passb
```

♯设置本地用户的服务类型为 PPP。

```
[RouterA - luser - network - userb] service - type ppp
[RouterA - luser - network - userb] quit
```

♯配置接口封装的链路层协议为 PPP（默认情况下，接口封装的链路层协议为 PPP，此步骤可选）。

```
[RouterA] interface serial 2/1/0
[RouterA - Serial2/1/0] link - protocol ppp
```

♯配置本地认证 Router B 的方式为 PAP。

```
[RouterA - Serial2/1/0] ppp authentication - mode pap domain system
```

♯配置接口的 IP 地址。

```
[RouterA – Serial2/1/0] ip address 200.1.1.1 16
[RouterA – Serial2/1/0] quit
```

在系统默认的 ISP 域 system 下，配置 PPP 用户使用本地认证方案。

```
[RouterA] domain system
[RouterA – isp – system] authentication ppp local
```

2）配置 Router B

配置接口封装的链路层协议为 PPP（默认情况下，接口封装的链路层协议为 PPP，此步骤可选）。

```
< RouterB > system – view
[RouterB] interface serial 2/1/0
[RouterB – Serial2/1/0] link – protocol ppp
```

配置本地被 Router A 以 PAP 方式认证时 Router B 发送的 PAP 用户名和密码。

```
[RouterB – Serial2/1/0] ppp pap local – user userb password simple passb
```

配置接口的 IP 地址。

```
[RouterB – Serial2/1/0] ip address 200.1.1.2 16
```

8. 验证配置

通过 display interface serial 命令，查看接口 Serial2/1/0 的信息，发现接口的物理层和链路层的状态都是 up 状态，并且 PPP 的 LCP 和 IPCP 都是 opened 状态，说明链路的 PPP 协商已经成功，并且 Router A 和 Router B 可以互相 ping 通对方。

```
[RouterB – Serial2/1/0] display interface serial 2/1/0
Serial2/1/0
Current state: UP
Line protocol state: UP
Description: Serial2/1/0 Interface
Bandwidth: 64kbps
Maximum Transmit Unit: 1500
Internet Address: 200.1.1.2/16 Primary
Link layer protocol: PPP
LCP: opened, IPCP: opened

[RouterB – Serial2/1/0] ping 200.1.1.1
Ping 200.1.1.1 (200.1.1.1): 56 data bytes, press CTRL_C to break
56 bytes from 200.1.1.1: icmp_seq = 0 ttl = 128 time = 3.197 ms
56 bytes from 200.1.1.1: icmp_seq = 1 ttl = 128 time = 2.594 ms
56 bytes from 200.1.1.1: icmp_seq = 2 ttl = 128 time = 2.739 ms
56 bytes from 200.1.1.1: icmp_seq = 3 ttl = 128 time = 1.738 ms
56 bytes from 200.1.1.1: icmp_seq = 4 ttl = 128 time = 1.744 ms

--- Ping statistics for 200.1.1.1 ---
5 packet(s) transmitted, 5 packet(s) received, 0.0 % packet loss
round – trip min/avg/max/std – dev = 1.738/2.402/3.197/0.576 ms
```

6.3　项目小结

　　要完成网络的 Internet 接入，关键是要通过路由设备进行接入。路由设备上通过 PAT\NAT 设置来满足内网用户访问外网，以及外网用户访问内网服务。防火墙设备的作用在于增强内外网之间的访问控制，对阻绝恶意攻击等有一定的作用。邻接的内网设备(一般是交换机)与防火墙(工作在透明模式，是工作于二层状态，不需要在防火墙上设置路由)、路由器之间需要设置静态路由，确保它们之间相通。

6.4　项目习题

　　使用下列设备配置并将 LAN1(192.168.0.0/16，模拟内网)接入 LAN2(10.0.0.0/24，模拟广域网)。另外练习配置 NAT、PAT。在防火墙上配置策略对来自 LAN2 的访问进行控制。

　　网络拓扑：一三层交换机一防火墙一路由器一LAN2。

　　设备：三层交换机 1 台，防火墙 1 台，路由器 1 台，相关连接线缆若干。

项目七   无线网络实施

7.1 项 目 目 标

终极目标：

掌握典型的中小型无线网络架构，无线网络与有线网络的关系，能运用一家业界主流厂家的无线网络产品进行小型无线网络方案的实际部署。

促成教学目标：

1. 掌握无线网络的相关概念。
2. 掌握无线 AC 的相关知识。
3. 掌握胖 AP 与瘦 AP 的相关知识。
4. 掌握无线网络的安全设置。
5. 掌握无线网络漫游的设备。
6. 掌握无线网络其他各功能。

7.2 项 目 任 务

1. 通过了解春晖学院网络的用户需求，掌握 AC、AP 的选用。
2. AC 配置的实现。
3. AP 配置的实现。
4. 完成 WLAN 的安全配置。
5. 完成 WLAN 漫游的配置。

模块 1   WLAN 安全接入

一、教学目标

1. 掌握 WLAN 安全的相关知识。
2. 掌握 WLAN 各种安全协议。

二、工作任务

1. 完成 WLAN 安全协议的配置。
2. 完成 AC 与 AP 的相关配置。

三、相关知识点

无线用户首先需要通过主动/被动扫描方式发现周围的无线服务，再通过认证和关联两个过程后,才能和 AP 建立连接,最终接入 WLAN。整个过程如图 7-1 所示。

1. 无线扫描

无线客户端在实际工作过程中,通常同时使用主动扫描和被动扫描获取周围的无线网络信息。

1)主动扫描

主动扫描是指无线客户端在工作过程中,会定期地搜索周围的无线网络,也就是主动扫描周围的无线网络。无线客户端在扫描时,主动发送一个 Probe Request 帧(探测请求帧),通过收到 Probe Response 帧(探查响应帧)获取无线网络信息。根据 Probe Request 帧是否携带 SSID,可以将主动扫描分为两种。

无线客户端发送 Probe Request 帧(Probe Request 中 SSID 为空,也就是 SSID IE 的长度为 0):无线客户端会定期地在其支持的信道列表中,发送 Probe Request 帧扫描无线网络。当 AP 收到探查请求帧后,会回复 Probe Response 帧通告可以提供的无线网络信息。无线客户端通过主动扫描,可以主动获知可使用的无线服务,之后无线客户端可以根据需要选择适当的无线网络接入。无线客户端主动扫描方式的过程如图 7-2 所示。

图 7-1 建立无线连接过程

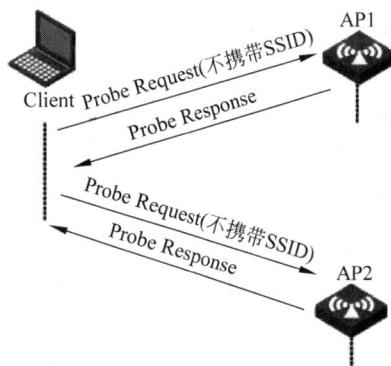

图 7-2 主动扫描过程

无线客户端发送 Probe Request 帧(携带指定的 SSID):当在无线客户端上配置了希望连接的无线网络或者已经成功连接到一个无线网络情况下,无线客户端会定期发送 Probe Request 帧(携带已经配置或者已经连接的无线网络的 SSID),当能够提供指定 SSID 无线服务的 AP 接收到 Probe Request 帧后回复 Probe Response 帧。通过这种方法,无线客户端可以主动扫描指定的无线网络。这种无线客户端主动扫描方式的过程如图 7-3 所示。

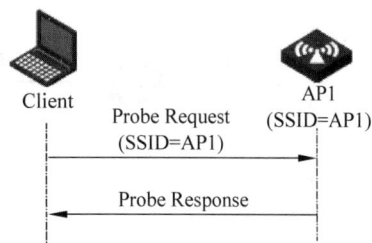

图 7-3 主动扫描过程

2)被动扫描

被动扫描是指无线客户端通过侦听 AP 定期发送的 Beacon 帧(信标帧)发现周围的无线网络。提供无线网络服务的 AP 设备都会周期性发送 Beacon 帧,所以无线客户端可以定期在支持的信道列表监听 Beacon 帧获取周围的无线网络信息,从而接入 AP。当无线客户端需要节省电量时,可以使用被动扫描。一般 VoIP 语音终端通常使用被动扫描方式。被动扫描的过程如图 7-4 所示。

2. 认证过程

为了保证无线链路的安全,接入过程中 AP 需要完成对无线用户的认证,只有通过认证后才能进入后续的关联阶段。802.11 链路定义了两种认证机制:开放系统认证和共享密钥认证。

3. 关联过程

如果无线用户想接入无线网络,必须同特定的 AP 关联。当无线用户通过指定 SSID 选择无线网络,并通过 AP 链路认

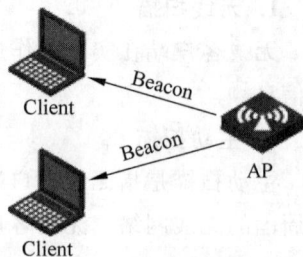

图 7-4 被动扫描过程

证后,就会立即向 AP 发送关联请求。AP 会对关联请求帧携带的能力信息进行检测,最终确定该无线用户支持的能力,并回复关联响应通知链路是否关联成功。通常,无线用户在同一个时刻只可以和一个 AP 建立链路,而且关联总是由无线用户发起。

四、项目实施

1. 组网需求

如图 7-5 所示,AC 与 AP 使用 VLAN 100 关联,Client 和 AP 被划分在不同的 VLAN 中,且 Client 和 AP 都是通过 DHCP server 获取 IP 地址。要求:

(1) 采用 EAP 中继方式对客户端进行本地 802.1X 认证。

(2) 本地 EAP 认证方法采用 peap-mschapv2。

(3) 当 Client 认证通过正常上线后,可以接入 VLAN 300 进行网络办公。

(4) 配置 Guest VLAN 400,当 Client 不进行认证时,只能进入 VLAN 400 访问特定的网络资源。

(5) 配置 Auth-Fail VLAN 500,当 Client 认证失败时,只能访问 VLAN 500 中的资源。

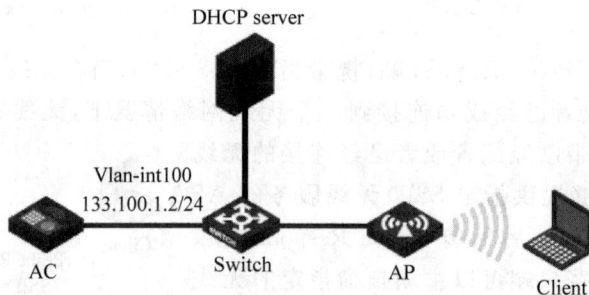

图 7-5 组网图

2. 配置步骤

1) 配置 AC 的接口

♯创建 VLAN 100 及其对应的 VLAN 接口,并为该接口配置 IP 地址。AC 将使用该接口的 IP 地址与 AP 建立 LWAPP 隧道。

```
<AC> system-view
```

```
[AC] vlan 100
[AC - vlan100] quit
[AC] interface vlan - interface 100
[AC - Vlan - interface100] ip address 133.100.1.2 16
[AC - Vlan - interface100] quit
```

创建 VLAN 200 作为 ESS 接口的默认 VLAN。

```
[AC] vlan 200
[AC - vlan200] quit
```

创建 VLAN 300 作为 Client 接入的业务 VLAN。

```
[AC] vlan 300
[AC - vlan300] quit
```

创建 VLAN 400 作为 Guest VLAN。

```
[AC] vlan 400
[AC - vlan400] quit
```

创建 VLAN 500，作为 Auth-Fail VLAN。

```
[AC] vlan 500
[AC - vlan500] quit
```

配置 AC 的 GigabitEthernet1/0/1 接口的属性为 trunk，允许 VLAN 100、VLAN 200、VLAN 300、VLAN 400 和 VLAN 500 通过。

```
[AC] interface GigabitEthernet1/0/1
[AC - GigabitEthernet1/0/1] port link - type trunk
[AC - GigabitEthernet1/0/1] port trunk permit vlan 100 200 300 400 500
[AC - GigabitEthernet1/0/1] quit
```

创建 WLAN-ESS1 接口，并设置端口的链路类型为 Hybrid 类型。

```
[AC] interface wlan - ess 1
[AC - WLAN - ESS1] port link - type hybrid
```

配置当前 Hybrid 端口的 PVID 为 200，禁止 VLAN 1 通过并允许 VLAN 200、VLAN 300、VLAN400 和 VLAN 500 不带 tag 通过。

```
[AC - WLAN - ESS1] undo port hybrid vlan 1
[AC - WLAN - ESS1] port hybrid pvid vlan 200
[AC - WLAN - ESS1] port hybrid vlan 200 300 400 500 untagged
```

在 Hybrid 端口上使能 MAC-VLAN 功能。

```
[AC - WLAN - ESS1] mac - vlan enable
```

在 WLAN-ESS 接口上配置端口安全模式为 802.1X 认证。

```
[AC - WLAN - ESS1] port - security port - mode userlogin - secure - ext
```

配置认证失败的用户可以访问 VLAN 500。

[AC - WLAN - ESS1] dot1x auth - fail vlan 500

配置未认证的用户可以访问 VLAN 400。

[AC - WLAN - ESS1] dot1x guest - vlan 400
[AC - WLAN - ESS1] quit

2）配置无线服务
创建 clear 类型的服务模板 1。

[AC] wlan service - template 1 clear

设置当前服务模板的 SSID 为 service。

[AC - wlan - st - 1] ssid service

将 WLAN-ESS1 接口绑定到服务模板 1。

[AC - wlan - st - 1] bind wlan - ess 1

启用无线服务。

[AC - wlan - st - 1] service - template enable
[AC - wlan - st - 1] quit

3）配置射频接口并绑定服务模板
创建 AP 的管理模板，名称为 officeap，型号名称选择 WA2620E-AGN，并指定其序列号。

[AC] wlan ap officeap model WA2620E - AGN
[AC - wlan - ap - officeap] serial - id 21023529G007C000020

进入 radio 2 射频视图。

[AC - wlan - ap - officeap] radio 2

将在 AC 上配置的 clear 类型的服务模板 1 与射频 2 进行绑定。

[AC - wlan - ap - officeap - radio - 2] service - template 1

使能 AP 的 radio 2。

[AC - wlan - ap - officeap - radio - 2] radio enable
[AC - wlan - ap - officeap - radio - 2] quit

4）全局配置802.1X 本地认证及用户名
全局下使能端口安全。

[AC] port - security enable

配置802.1X 认证模式为 EAP。

[AC] dot1x authentication - method eap

创建 SSL 服务器端策略 test。

[AC] ssl server - policy test

106

```
[AC - ssl - server - policy - test] quit
```

＃配置 EAP Profile 为 test。

```
[AC] eap - profile test
```

＃绑定 SSL 服务器端策略 test。

```
[AC - eap - prof - test] ssl - server - policy test
```

＃配置认证方式为 peap-mschapv2。

```
[AC - eap - prof - test] method peap - mschapv2
[AC - eap - prof - test] quit
```

＃配置 local-server。

```
[AC] local - server authentication eap - profile test
```

＃配置 local-user 用户名为 user,密码为 123456。

```
[AC] local - user user
[AC - luser - user] password simple 123456
[AC - luser - user] service - type lan - access
[AC - luser - user] quit
```

3. Switch 的配置

＃创建 VLAN 100、VLAN 300、VLAN 400 和 VLAN 500,其中 VLAN 100 用于转发 AC 和 AP 间 LWAPP 隧道内的流量,VLAN 300 为无线用户接入的 VLAN,VLAN 400 作为 Guest VLAN,VLAN 500 作为 Auth-Fail VLAN。

```
< Switch > system - view
[Switch] vlan 100
[Switch - vlan100] quit
[Switch] vlan 300
[Switch - vlan300] quit
[Switch] vlan 400
[Switch - vlan400] quit
[Switch] vlan 500
[Switch - vlan500] quit
```

＃配置 Switch 与 AC 相连的 GigabitEthernet1/0/1 接口的属性为 Trunk,当前 Trunk 口的 PVID 为 100,允许 VLAN 100 通过。

```
[Switch] interface GigabitEthernet1/0/1
[Switch - GigabitEthernet1/0/1] port link - type trunk
[Switch - GigabitEthernet1/0/1] port trunk permit vlan 100
[Switch - GigabitEthernet1/0/1] port trunk pvid vlan 100
[Switch - GigabitEthernet1/0/1] quit
```

＃配置 Switch 与 AP 相连的 GigabitEthernet1/0/2 接口属性为 Access,并允许 VLAN 100 通过。

```
[Switch] interface GigabitEthernet1/0/2
```

```
[Switch-GigabitEthernet1/0/2] port link-type access
[Switch-GigabitEthernet1/0/2] port access vlan 100
```

♯使能 PoE 功能。

```
[Switch-GigabitEthernet1/0/2] poe enable
[Switch-GigabitEthernet1/0/2] quit
```

♯配置 Switch 与 DHCP server 相连的 GigabitEthernet1/0/3 接口属性为 Access,并允许 VLAN 100 通过。

```
[Switch] interface GigabitEthernet1/0/3
[Switch-GigabitEthernet1/0/3] port link-type access
[Switch-GigabitEthernet1/0/3] port access vlan 100
[Switch-GigabitEthernet1/0/3] quit
```

4. 验证配置

在 AC 上通过 display wlan client 命令可以看到,当 Client 直接关联 SSID 而不进行认证时,Client 进入 VLAN 400。

```
[AC] display wlan client
Total Number of Clients : 1
Client Information
SSID: service
MAC Address User Name APID/RID IP Address VLAN
0021-632f-f7bb NULL 1 /2 0.0.0.0 400
```

模块 2   无线漫游的实现

一、教学目标

1. 掌握 WLAN 无线漫游的相关知识。

2. 掌握 WALN 无线漫游协议。

二、工作任务

1. 完成 WLAN 无线漫游的配置。

2. 完成 AC 与 AP 的相关配置。

三、相关知识点

1. IACTP 隧道

IACTP(Inter Access Controller Tunneling Protocol,接入控制器间隧道协议)是 H3C 公司自主研发的隧道协议,该协议定义了 AC 与 AC 之间是如何通信的,提供了 AC 间报文的通用封装和传输机制,保证了 AC 之间的安全传输。

IACTP 协议为应用(共享与交换信息)提供了一个控制通道,也同时提供封装 AC 间传输数据的数据通道。IACTP 协议同时支持 IPv4 和 IPv6。

目前 AC 间漫游、双机热备和 AC-BAS 一体化功能需要使用 IACTP 隧道进行通信。

2. WLAN 漫游概述

多个 AC 可以通过 IACTP 协议建立 IACTP 隧道。IACTP 隧道的建立和维护均由

IACTP 协议完成。当支持快速漫游服务的客户端第一次关联到 IACTP 隧道内的任何一个 AC(该 AC 即为它的家乡代理 Home-AC,HA)时,客户端会和 HA 之间进行完整的 802.1X 认证,并会采用 11Key 进行密钥协商。客户端在 IACTP 隧道内跨 AC 漫游之前,IACTP 隧道内的 AC 之间(新关联的 AC 为它的外地代理 Foreign-AC,FA)会进行客户端信息的同步。客户端在发生漫游并关联到 FA 时不用再进行 802.1X 认证,FA 可以快速认证客户端的信息,只需执行 11Key 密钥协商即可实现无缝漫游。

3. WLAN 漫游拓扑

WLAN 漫游拓扑由 AC 内漫游、AC 间漫游、FA 内漫游、FA 间漫游和往返漫游组成。

1）AC 内漫游

图 7-6 所示为 AC 内漫游。

（1）一个无线终端与 AP1 关联,AP1 连接 AC。

（2）该无线终端断开与 AP1 的关联,漫游到与同一个 AC 相连的 AP2 上。

（3）该无线终端关联到 AP2 的过程即为 AC 内漫游。

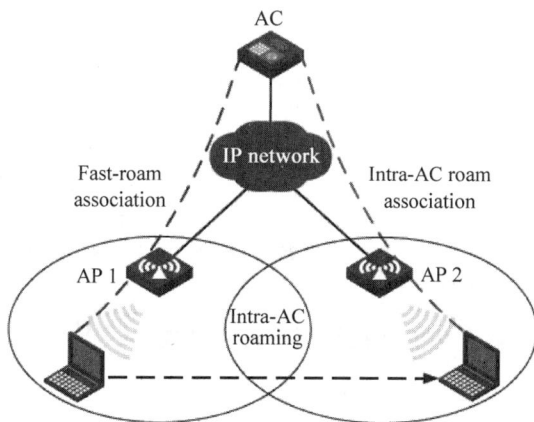

图 7-6　AC 内漫游

2）AC 间漫游

图 7-7 所示为 AC 间漫游。

（1）一个无线终端与 AP1 关联,AP1 连接 AC1。

（2）该无线终端断开与 AP1 的关联,漫游到 AP2,后者连接到 AC2。

（3）该无线终端关联到 AP2 的过程即为 AC 间漫游。在 AC 间漫游之前,AC1 需要和 AC2 通过 IACTP 隧道同步预漫游终端的信息。

四、项目实施

1. 组网需求

AC、AP1 和 AP2 在 VLAN 1 中,无线客户端先通过 AP1 连接至无线网络,然后漫游到与同一 AC 相连的 AP2 上。

2. 组网图

组网图如图 7-8 所示。

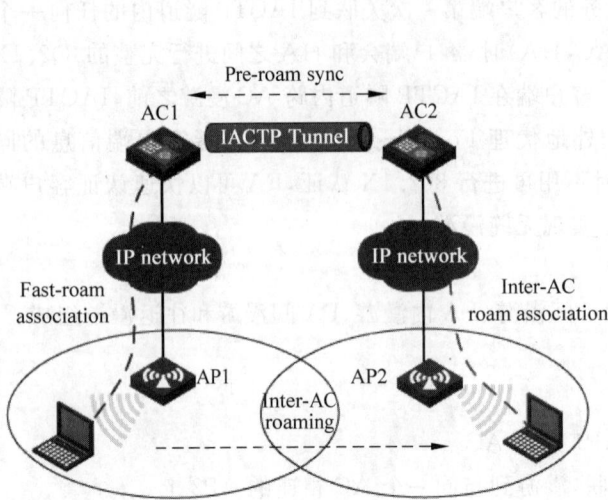

图 7-7 AC 间漫游

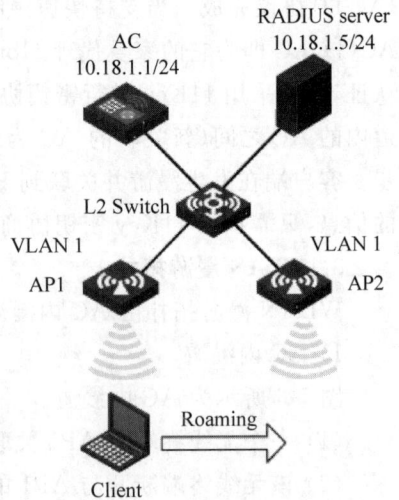

图 7-8 AC 内漫游组网图

1）配置 AC

♯在接口 WLAN-ESS1 上配置端口安全模式为 userlogin-secure-ext，并使能端口 11key 类型的密钥协商功能。

```
<AC> system-view
[AC] interface wlan-ess 1
[AC-WLAN-ESS1] port-security port-mode userlogin-secure-ext
[AC-WLAN-ESS1] port-security tx-key-type 11key
```

♯关闭 802.1X 多播触发功能和在线用户握手功能。

```
[AC-WLAN-ESS1] undo dot1x multicast-trigger
[AC-WLAN-ESS1] undo dot1x handshake
[AC-WLAN-ESS1] quit
```

♯创建服务模板 1（加密类型服务模板），配置 SSID 为 intra-roam，将 WLAN-ESS1 接口绑定到服务模板 1。

```
[AC] wlan service-template 1 crypto
[AC-wlan-st-1] ssid intra-roam
[AC-wlan-st-1] bind wlan-ess 1
```

♯配置无线客户端接入该无线服务（SSID）的认证方式为开放式系统认证，并在帧加密时使能 CCMP 加密套件。

```
[AC-wlan-st-1] authentication-method open-system
[AC-wlan-st-1] cipher-suite ccmp
[AC-wlan-st-1] security-ie rsn
[AC-wlan-st-1] quit
```

♯开启端口安全功能。

```
[AC] port-security enable
```

#配置 802.1X 用户的认证方式为 EAP。

```
[AC] dot1x authentication - method eap
```

#创建 RADIUS 方案 rad,指定 extended 类型的 RADIUS 服务器,表示支持与服务器交互扩展报文。

```
[AC] radius scheme rad
[AC - radius - rad] server - type extended
```

#配置主认证 RADIUS 服务器的 IP 地址 10.18.1.5,主计费 RADIUS 服务器的 IP 地址 10.18.1.5。

```
[AC - radius - rad] primary authentication 10.18.1.5
[AC - radius - rad] primary accounting 10.18.1.5
```

#配置系统与认证 RADIUS 服务器交互报文时的共享密钥为 12345678,系统与计费 RADIUS 服务器交互报文时的共享密钥为 12345678。

```
[AC - radius - rad] key authentication 12345678
[AC - radius - rad] key accounting 12345678
```

#配置 AC 发送 RADIUS 报文使用的源 IP 地址为 10.18.1.1。

```
[AC - radius - rad] nas - ip 10.18.1.1
[AC - radius - rad] quit
```

#创建 cams 域,指定 rad 为该域用户的 RADIUS 方案。

```
[AC] domain cams
[AC - isp - cams] authentication default radius - scheme rad
[AC - isp - cams] authorization default radius - scheme rad
[AC - isp - cams] accounting default radius - scheme rad
[AC - isp - cams] quit
```

#在接口 WLAN-ESS1 上配置 802.1X 用户的强制认证域 cams。

```
[AC] interface WLAN - ESS 1
[AC - WLAN - ESS1] dot1x mandatory - domain cams
[AC - WLAN - ESS1] quit
```

#配置 AP1:创建 AP1 的模板,名称为 ap1,型号名称选择 WA3628i-AGN,并配置 AP1 的序列号为 210235A045B05B1236548。

```
[AC] wlan ap ap1 model WA3628i - AGN
[AC - wlan - ap - ap1] serial - id 210235A045B05B1236548
[AC - wlan - ap - ap1] radio 1 type dot11an
```

#将服务模板 1 绑定到 AP1 的 radio 1 口,AC 内漫游要求各 AP 的 SSID 相同,这里 AP1 下绑定服务模板 1。

```
[AC - wlan - ap - ap1 - radio - 1] service - template 1
[AC - wlan - ap - ap1 - radio - 1] radio enable
[AC - wlan - ap - ap1 - radio - 1] quit
```

```
[AC-wlan-ap-ap1] quit
```

＃开启服务模板1。

```
[AC] wlan service-template 1
[AC-wlan-st-1] service-template enable
[AC-wlan-st-1] quit
```

＃配置AP2：创建AP2的模板，名称为ap2，型号名称选择WA 3628i-AGN，配置AP2的序列号为2210235A22W0076000103。

```
[AC] wlan ap ap2 model WA3628i-AGN
[AC-wlan-ap-ap2] serial-id 210235A22W0076000103
[AC-wlan-ap-ap2] radio 1 type dot11an
```

＃将服务模板1绑定到AP2的radio 1口（AC内漫游要求各AP的SSID相同，因此在AP2下绑定的服务模板需要和AP1保持一致）。

```
[AC-wlan-ap-ap2-radio-1] service-template 1
[AC-wlan-ap-ap2-radio-1] radio enable
[AC-wlan-ap-ap2-radio-1] return
```

2）验证结果

在客户端漫游后，使用display wlan client verbose查看显示信息，AP Name和BSSID字段发生变化。同时可以通过display wlan client roam-track mac-address命令查看客户端的漫游跟踪信息。

7.3　项目小结

本项目以某校园无线网络项目为案例，详细介绍了典型无线网络方案、网络结构与运行机制设计，并具体介绍了无线控制器及项目中实际会涉及的相关设备的配套设置。本项目可以作为学生无线网络项目学习与实践的重要参考。

7.4　项目习题

1. 胖AP与瘦AP的差别是什么？
2. AC的主要作用是什么？
3. 无线用户接入过程是怎样的？
4. 什么是无线漫游？无线漫游类型有哪些？

项目八 服务器实施

8.1 项 目 目 标

终极目标：

根据设计，完成整个校园网中心机房的 DNS、Web、DHCP、FTP 服务器的配置与管理。

促成教学目标：

1. 掌握 DNS 服务器的配置与管理。
2. 掌握 DHCP 服务器的配置与管理。
3. 掌握 Web 服务器的配置与管理。
4. 掌握 FTP 服务器的配置与管理。
5. 掌握 E-mail 服务器的配置与管理。

8.2 项 目 任 务

1. 通过了解滨江学院网络的用户需求，构建 DNS 服务器，提供相应服务。
2. 通过了解滨江学院网络的用户需求，构建 DHCP 服务器，提供相应服务。
3. 通过了解滨江学院网络的用户需求，构建 Web 服务器，提供相应服务。
4. 通过了解滨江学院网络的用户需求，构建 FTP 服务器，提供相应服务。
5. 通过了解滨江学院网络的用户需求，构建 Mail 服务器，提供相应服务。

模块 1 DNS 服务器的构建与设置

一、教学目标

1. 掌握 DNS 服务器的构建与配置。
2. 设计 DNS 服务方案。

二、工作任务

1. 为网络提供 DNS 服务。
2. 设计分配整个网络 DNS。

三、实施步骤

如表 8-1 所示为网络 DNS 分配与规划。

表 8-1　网络 DNS 分配与规划

部门	DNS 名称	服务器地址
校网	www.zjvcc.cn	192.168.250.250
教务处	jwc.zjvcc.cn	192.168.250.250
学生处	xsc.zjvcc.cn	192.168.250.250

1. 安装 DNS 服务器

如果已经安装了活动目录,则 DNS 服务器已经自动被要求安装。默认情况下 Windows Server 2003 系统中没有安装 DNS 服务器,所以所做的第一项工作就是安装 DNS 服务器。

(1) 依次选择"开始"→"程序"→"管理工具"→"管理您的服务器"菜单命令,弹出"管理您的服务器"页面,单击"添加或删除角色"选项,弹出如图 8-1 所示的"配置您的服务器向导"的"服务器角色"页面,在其中选中"DNS 服务器"选项,单击"下一步"按钮。

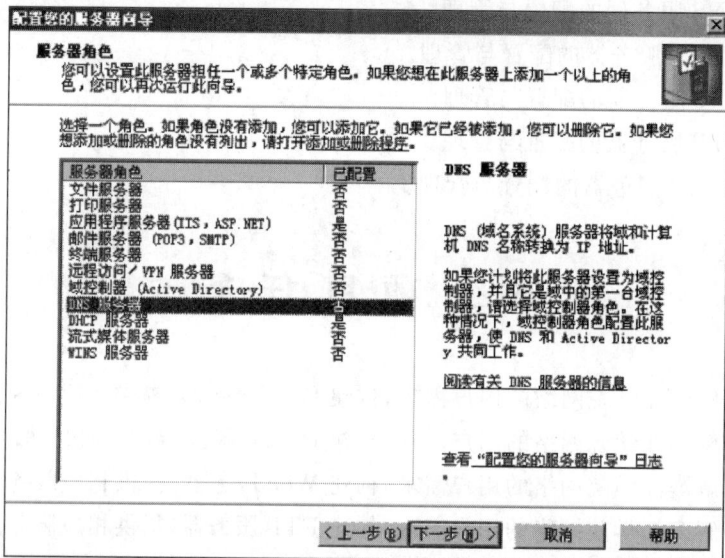

图 8-1　"服务器角色"页面

(2) 弹出选择总结向导页,如果列表中出现"安装 DNS 服务器"和"运行配置 DNS 服务器向导来配置 DNS"选项,则直接单击"下一步"按钮。否则单击"上一步"按钮重新配置。

(3) 向导开始安装 DNS 服务器,并且可能会提示插入 Windows Server 2003 的安装光盘或指定安装源文件。

2. 创建区域

DNS 服务器安装完成后会自动打开"配置 DNS 服务器向导"对话框。用户可以在该向导的指引下创建区域。

(1) 在"配置 DNS 服务器向导"的欢迎页面中单击"下一步"按钮,弹出如图 8-2 所示的"选择配置操作"页面。在默认情况下适合小型网络使用的"创建正向查找区域"单选按钮处于选中状态,因此保持默认选项并单击"下一步"按钮。

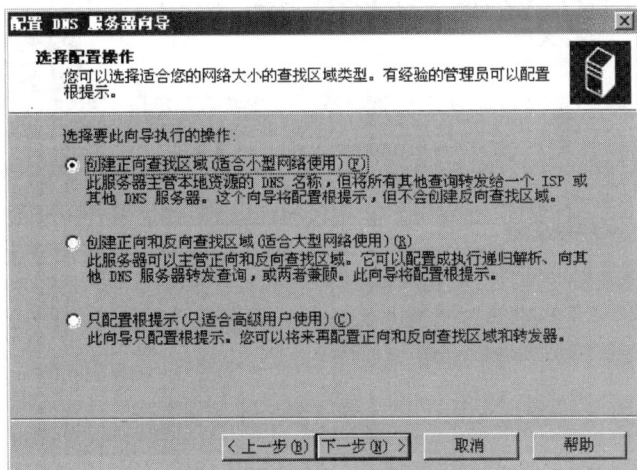

图 8-2　"选择配置操作"页面

（2）弹出如图 8-3 所示的"主服务器位置"向导页，如果所部署的 DNS 服务器是网络中的第一台 DNS 服务器，则应该保持"这台服务器维护该区域"单选按钮的选中状态，将该 DNS 服务器作为主 DNS 服务器使用，并单击"下一步"按钮。

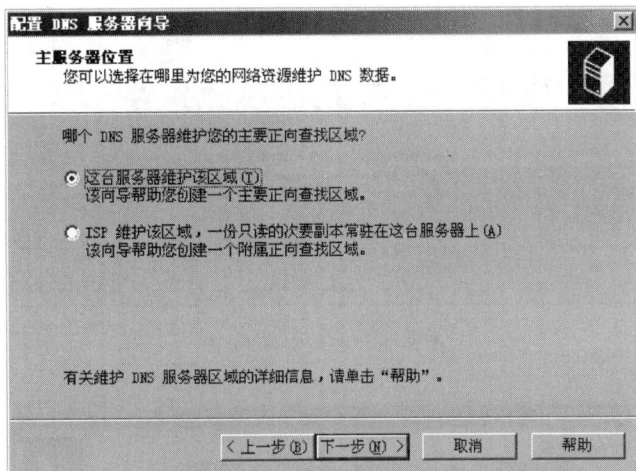

图 8-3　"主服务器位置"页面

（3）弹出如图 8-4 所示的"区域名称"向导页，在"区域名称"文本框中输入一个能反映公司信息的区域名称（如 mydns.com），单击"下一步"按钮。

（4）弹出如图 8-5 所示的"区域文件"页面，此页面已经根据区域名称默认输入了一个文件名。该文件是一个 ASCII 文本文件，里面保存着该区域的信息，默认情况下保存在 windows\system32\dns 文件夹中。保持默认值不变，单击"下一步"按钮。

（5）弹出如图 8-6 所示的"动态更新"页面，该页面中指定该 DNS 区域能够接收的注册信息更新类型。允许动态更新可以让系统自动地在 DNS 中注册有关信息，在实际应用中比较有用，因此选中"允许非安全和安全动态更新"单选按钮，单击"下一步"按钮。

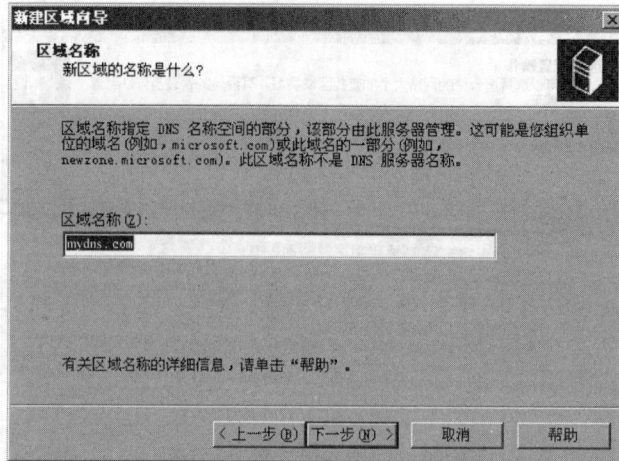

图 8-4 "区域名称"页面

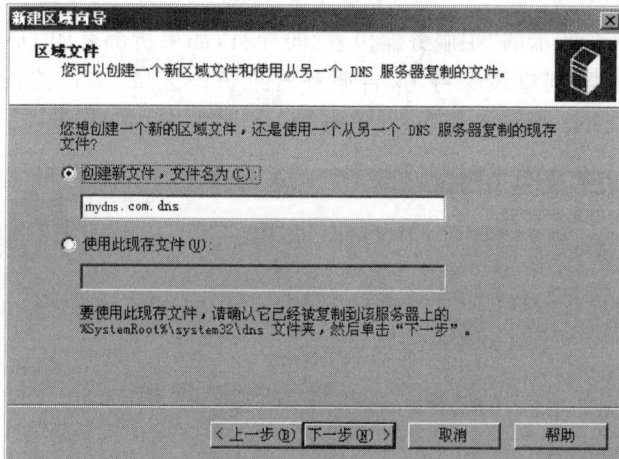

图 8-5 "区域文件"页面

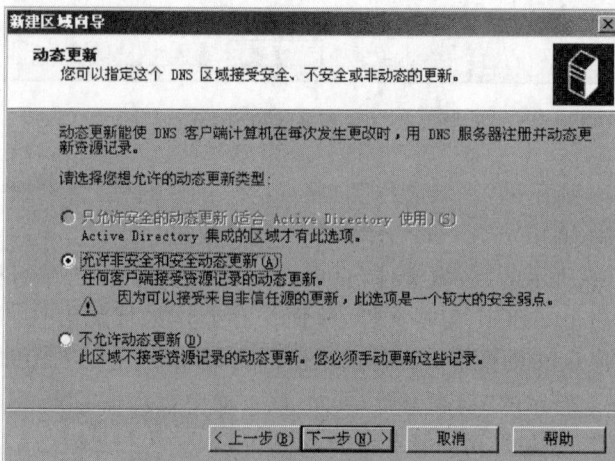

图 8-6 "动态更新"页面

（6）弹出如图 8-7 所示的"转发器"页面，保持"是，应当将查询转发到有下列 IP 地址的 DNS 服务器上"单选按钮的选中状态。在 IP 地址文本框中输入 ISP 提供的 DNS 服务器（或上级 DNS 服务器）IP 地址，单击"下一步"按钮。

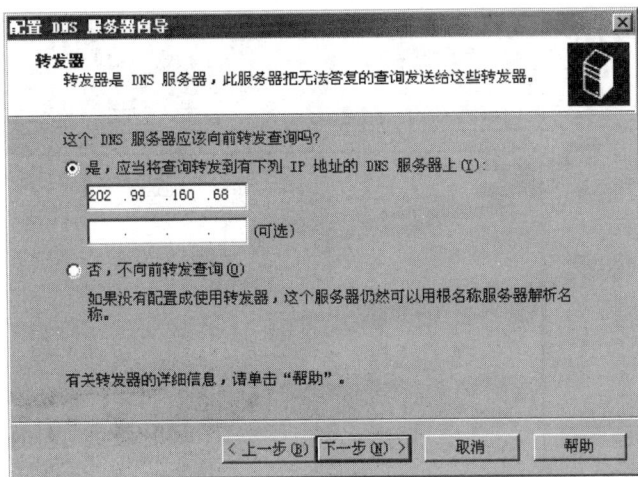

图 8-7　"转发器"页面

通过配置转发器可以使内部用户在访问 Internet 上的站点时，使用当地的 ISP 提供的 DNS 服务器进行域名解析。

（7）依次单击"完成"按钮，mydns.com 区域的创建过程和 DNS 服务器的安装配置过程就大功告成了。

3. 创建域名

利用向导成功创建了 mydns.com 区域，可是内部用户还不能使用这个名称来访问内部站点，因为它还不是一个合格的域名。接着还需要在其基础上创建指向不同主机的域名，才能提供域名解析服务。准备创建一个用以访问 Web 站点的域名 www.mydns.com，具体操作步骤如下。

（1）依次选择"开始"→"管理工具"→DNS 菜单命令，打开 dnsmgmt 控制台窗口，如图 8-8 所示。

（2）在左窗格中依次展开 MYSERVER/"正向查找区域"目录。然后右击 mydns.com 区域，执行快捷菜单中的"新建主机"命令。

（3）弹出"新建主机"对话框，在"名称"文本框中输入一个能代表该主机所提供服务的名称（本例输入 www）。在"IP 地址"文本框中输入该主机的 IP 地址（如 192.168.0.2），单击"添加主机"按钮，如图 8-9 所示。很快就会提示已经成功创建了主机记录。

（4）最后单击"完成"按钮结束创建。

4. 设置 DNS 客户端

尽管 DNS 服务器已经创建成功，并且创建了合适的域名，可是如果在客户机的浏览器中却无法使用 www.mydns.com 这样的域名访问网站。这是因为虽然已经有了 DNS 服务器，但客户机并不知道 DNS 服务器在哪里，因此不能识别用户输入的域名。用户必须手动设置 DNS 服务器的 IP 地址才行。在客户机"Internet 协议（TCP/IP）属性"对话框中的"首

选 DNS 服务器"文本框中设置刚刚部署的 DNS 服务器的 IP 地址(本例为 192.168.0.2),
如图 8-10 所示。

然后再次使用域名访问网站,会发现已经可以正常访问了。

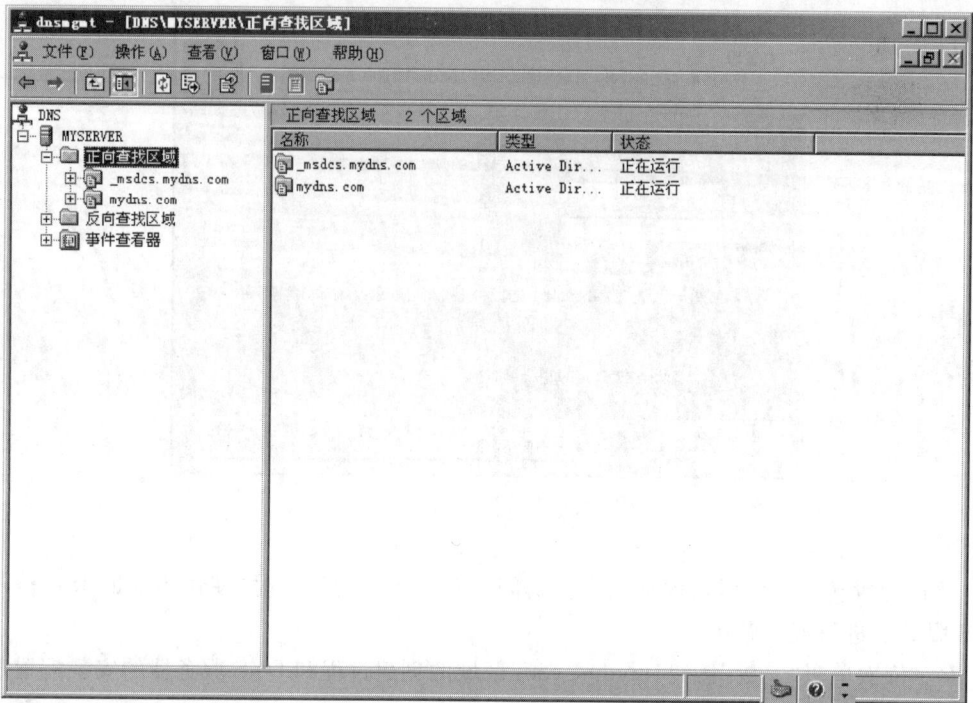

图 8-8　DNS 服务器管理窗口

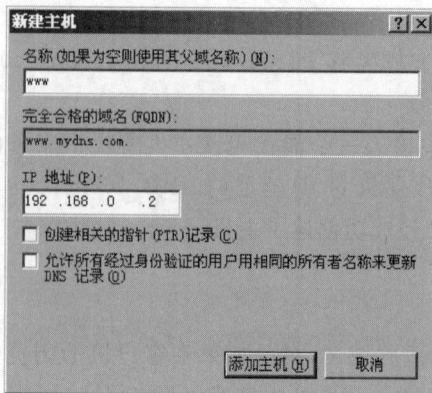

图 8-9　"新建主机"界面

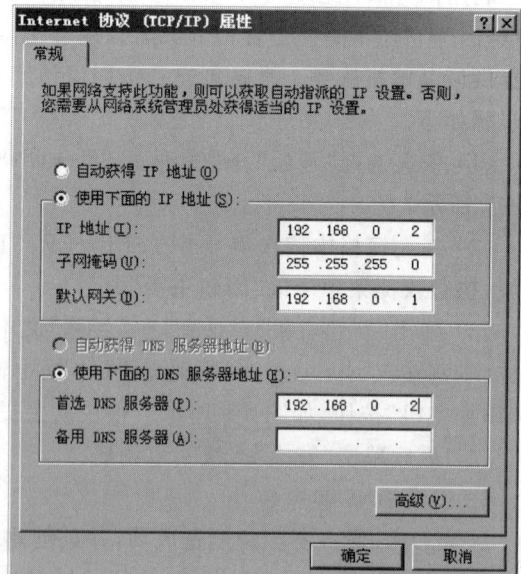

图 8-10　"Internet 协议(TCP/IP)属性"对话框

模块 2　利用 IIS 构建 Web 服务器

一、教学目标

1. 掌握 Web 服务器的构建与配置。

2. 设计 Web 服务方案。

二、工作任务

1. 为网络提供 Web 服务。

2. 设计分配整个网络 Web。

三、实施步骤

1. 构建 IIS 服务器

首先选择一台安装有 Windows Server 2003 的服务器用以部署 IIS 服务,并且指定这台服务器的计算机名为 SERVER1,指定这台服务器的 IP 地址为 192.168.1.1,指定 DNS 服务器域名为 www.mydns.com。

(1) 在计算机 SERVER1 的桌面上选择"开始"→"管理您的服务器"命令,弹出"管理您的服务器"界面,单击"添加或删除角色"选项,弹出如图 8-11 所示的"配置您的服务器向导"的"服务器角色"页面中,选中"应用程序服务器(IIS,ASP. NET)"选项,单击"下一步"按钮。

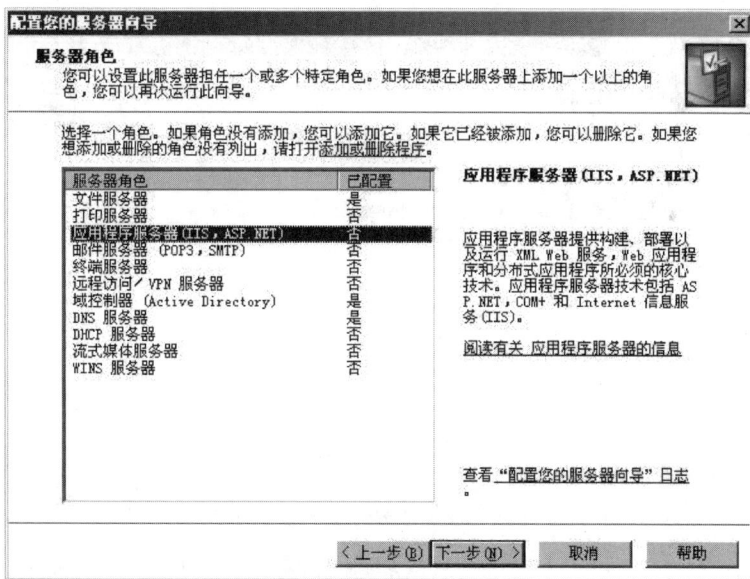

图 8-11　"服务器角色"页面

(2) 弹出如图 8-12 所示的"应用程序服务器选项"页面。选中 FrontPage Server Extension、"启用 ASP. NET"复选框,单击"下一步"按钮。FrontPage Server Extension 选项,允许多个用户从客户端计算机远程管理和发布网站;"启用 ASP. NET"选项是统一的 Web 开发平台,提供了生成和部署企业级 Web 应用程序所必需的服务,如网站中包含使用 ASP. NET 开发的应用程序,必须选择该选项。

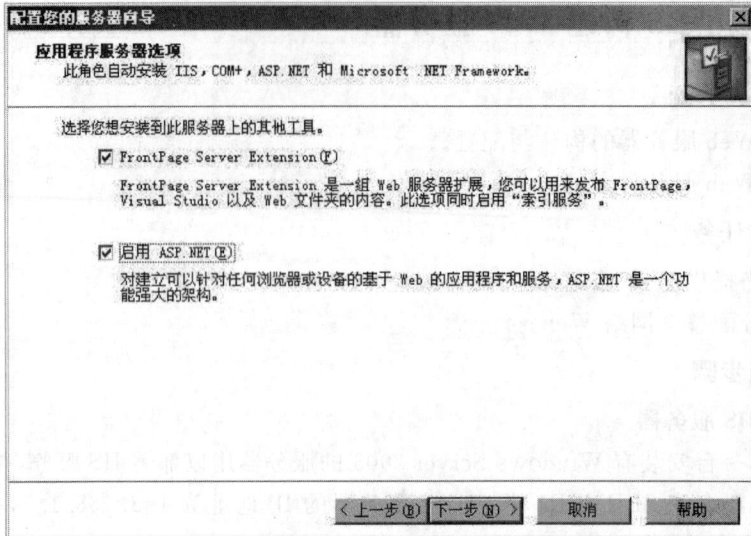

图 8-12 "应用程序服务器选项"页面

（3）弹出如图 8-13 所示的"选择总结"页面，单击"下一步"按钮（单击"下一步"按钮后，系统进入安装所需文件的等待中）。

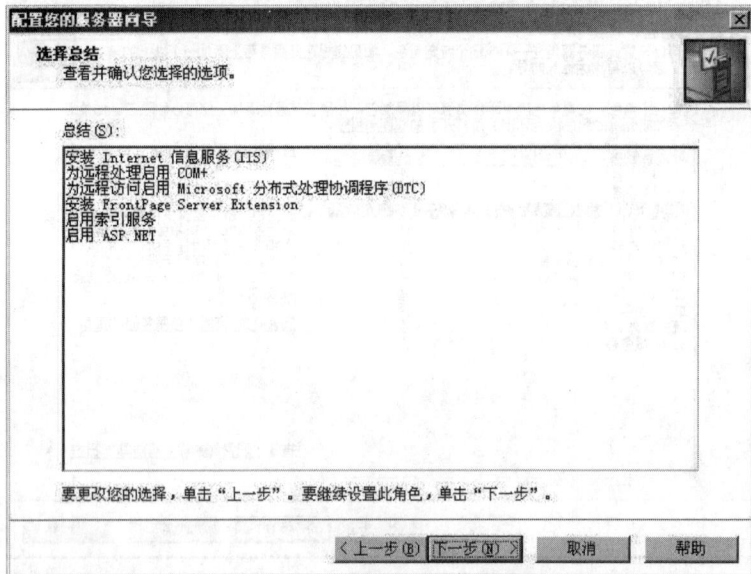

图 8-13 "选择总结"页面

（4）弹出如图 8-14 所示的"完成"页面，单击"完成"按钮，完成安装。

2．利用 IIS 设置 Web 服务器

（1）在计算机 SERVER1 的桌面上选择"开始"→"管理您的服务器"菜单命令，弹出如图 8-15 所示的"管理您的服务器"窗口，单击"管理此应用程序服务器"选项，就可以打开"应用程序服务器"窗口。

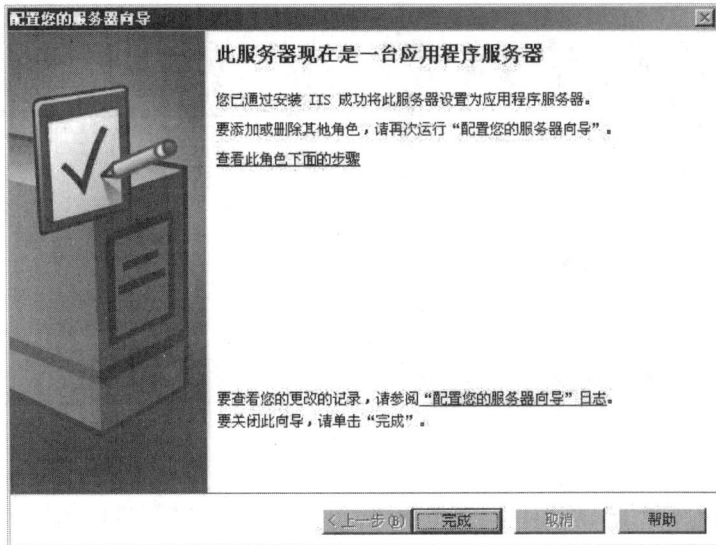

图 8-14　"完成"页面

图 8-15　"管理您的服务器"窗口

（2）打开如图 8-16 所示的"应用程序服务器"窗口后，在"应用程序服务器"→"Internet
信息服务（IIS）管理器"→"SERVER1（本地计算机）"→"网站"选项下，可以对相应的网站进
行设置。

121

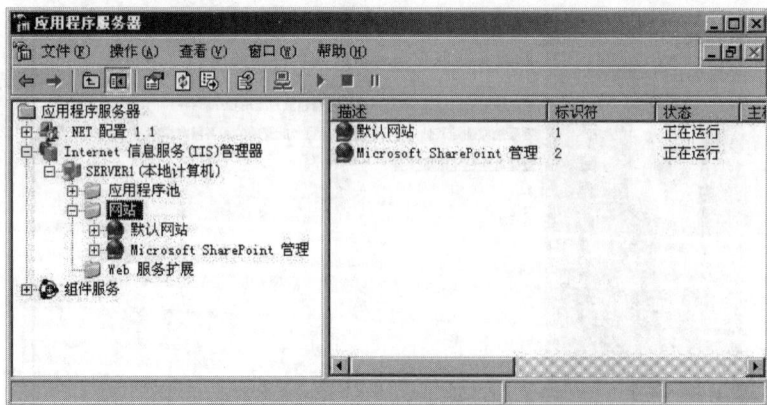

图 8-16　"应用程序服务器"窗口

（3）在"默认网站"选项上右击，弹出如图 8-17 所示的网站配置的快捷菜单。右键快捷菜单主要包括的选项如下。

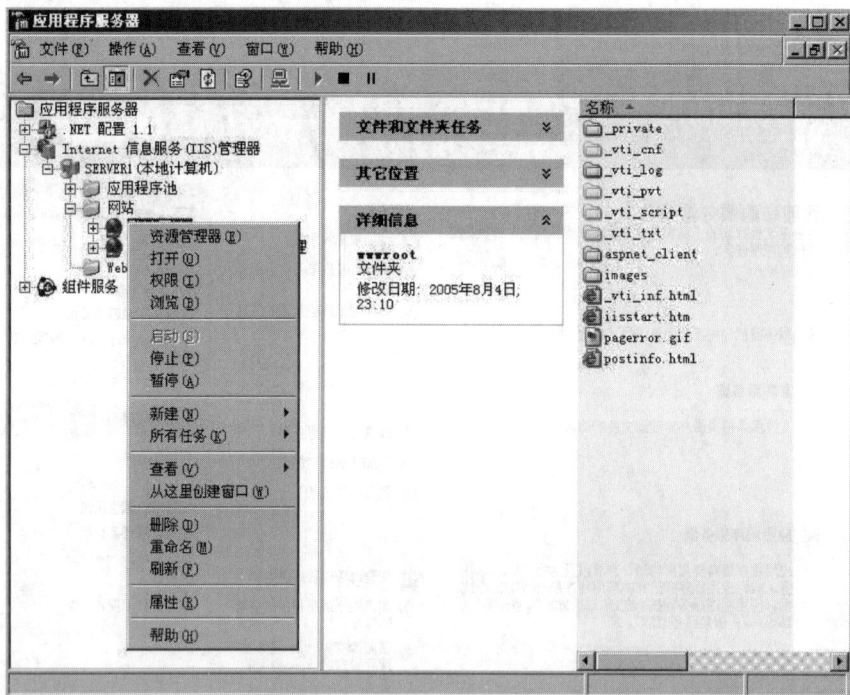

图 8-17　网站配置的快捷菜单

① 资源管理器：可以查看网站的目录和文件。

② 打开：以资源管理器的形式浏览网站目录和文件。

③ 权限：设置用户对网站主目录的访问权限。

④ 启动：启动网站的服务。

⑤ 停止：停止网站的服务。

⑥ 暂停：暂停用户的连接请求，不释放网站的进程。

⑦ 新建：建立新的网站或者虚拟目录。

⑧ 删除：删除已经停止服务的网站。

⑨ 属性：对网站进行具体的配置。

1）配置"网站"选项卡

在图 8-17 所示快捷菜单中，选择"属性"命令，弹出如图 8-18 所示的"默认网站 属性"对话框。"网站"选项卡中的各参数说明如下。

（1）在"描述"文本框中输入网站的好记的名称，该名称将出现在 IIS 管理器的管理目标导航树中。

（2）在"IP 地址"下拉列表框中指定一个 IP 地址或输入用于访问该站点的新的 IP 地址。如果没有分配指定的 IP 地址，那么此站点将响应分配给该计算机但没有分配给其他站点的所有 IP 地址，这使它成为默认网站，如设置 IP 地址为 192.168.1.1。

（3）在"TCP 端口"文本框中输入运行 Web 服务的 TCP 端口，默认值是端口 80，也可以更改为任何唯一的 TCP 端口号。

（4）在"SSL 端口"文本框中输入与该网站标识相关联的 SSL（安全套接字层）端口，默认 SSL 端口号为 443。

（5）在"连接超时"文本框中输入时间数，它是设置以秒为单位设置服务器断开用户连接之前的时间长短。

（6）在"活动日志格式"下拉列表框可以选择该网站的日志记录格式，有多种日志格式，还可以单击"属性"按钮进行一些具体的设置。

单击如图 8-18 所示的"高级"按钮，弹出如图 8-19 所示的"高级网站标识"对话框，如果需要多个 IP 地址或者同一个 IP 地址的不同 TCP 端口，提供的 Web 服务器站点绑定到同一个内容相同的站点，可以在此将其他网站标识或 SSL 标识添加到此计算机上。

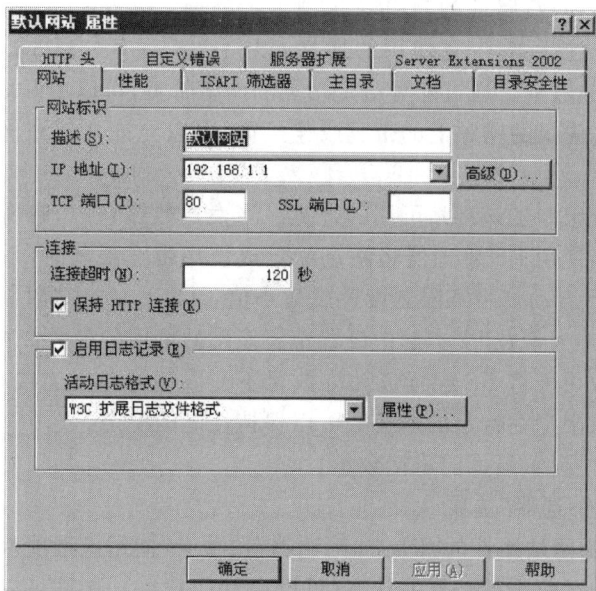

图 8-18 "默认网站 属性"对话框

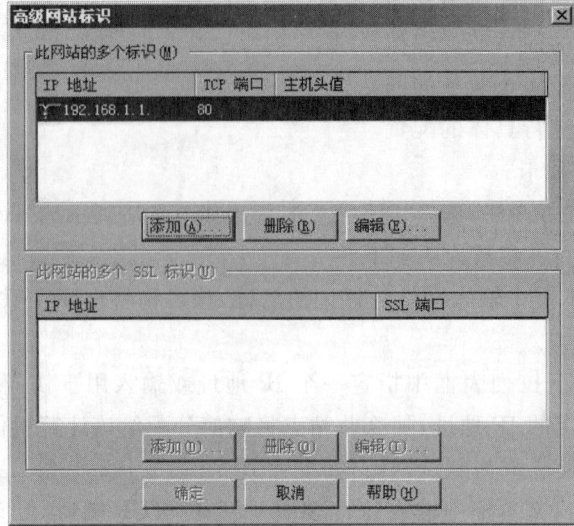

图 8-19　"高级网站标识"对话框

选中 192.168.1.1 选项，单击"编辑"按钮，弹出如图 8-20 所示的"添加/编辑网站标识"
对话框。在"IP 地址"下拉列表框中选择或设置 IP
地址；在"TCP 端口"文本框中设置使用的端
口；在"主机头值"文本框中输入网站的域名，
需要和 DNS 服务器配合使用。如设置 IP 地址
为 192.168.1.1；TCP 端口为 80；主机头值为
www.mydns.com。完成设置后单击"确定"按钮。

2）配置"性能"选项卡

如图 8-21 所示为网站属性的"性能"选项卡，
使用该选项卡可以设置影响带宽使用的属性，以

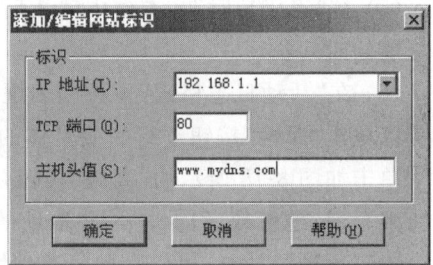

图 8-20　"添加/编辑网站标识"对话框

及客户端 Web 连接的数量。通过配置给定站点的网络带宽，可以更好地控制该站点允许的
流量。通过限制低优先级的网站上的带宽或连接类，可以允许其他高优先级站点处理更多
的流量负载。

"带宽限制"参数限制了该网站可用的带宽。当发送数据包时，带宽限制使用数据包计
划程序进行管理。当使用 IIS 管理器将站点配置成使用带宽限制时，系统将自动安装数据
包计划程序，并且 IIS 自动将带宽限制设置成最小值 1024B。选中"限制网站可以使用的网
络带宽"复选框，在"最大带宽"文本框中设置希望该网站可用的最大带宽（KB/s）。

"网站连接"参数用于将 IIS 配置成允许数目不受限制的并发连接，或限制该网站接收
的连接个数。将站点限定在特定的连接数可以保持性能的稳定。选中"连接限制为"单选按
钮，在后面的文本框中设置最大的连接数量。

3）配置"ISAPI 筛选器"选项卡

如图 8-22 所示为网站属性的"ISAPI 筛选器"选项卡，使用该选项卡可以设置 ISAPI 筛
选器选项。表中列出了每个筛选器的状态（可以启动或禁用）、文件名以及加载到内存的优
先级。只能更改具有相同优先级的筛选器的执行顺序。

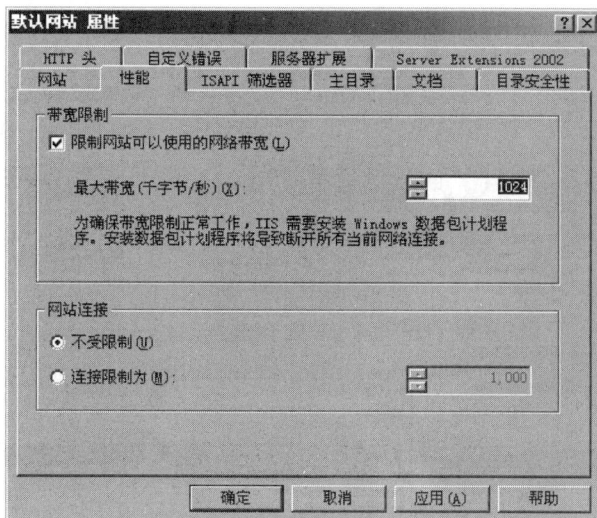

图 8-21　网站属性的"性能"选项卡

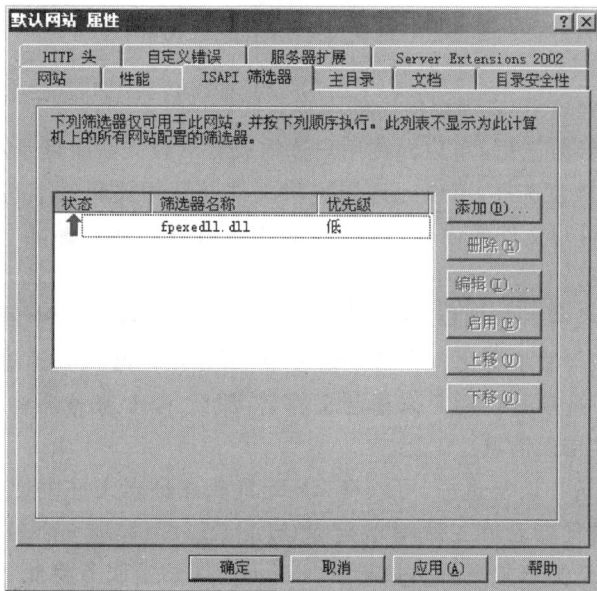

图 8-22　网站属性的"ISAPI 筛选器"选项卡

4）配置"主目录"选项卡

图 8-23 所示为网站属性的"主目录"选项卡，选项卡设置界面会因为在"此资源的内容来自"选项域中选择的选项不同而不同。选中"此计算机上的目录"单选按钮，可以允许用户访问该计算机上的指定目录，以便查看或更新 Web 内容，在"本地路径"文本框中设置目录名称，管理员可以通过执行任意 Windows 安全方法来控制对内容的访问。这是"主目录"选项卡的默认设置。

对目录的访问权限包括以下几种。

（1）脚本资源访问：如果设置了读取或写入权限，那么选择该复选框可以允许用户访

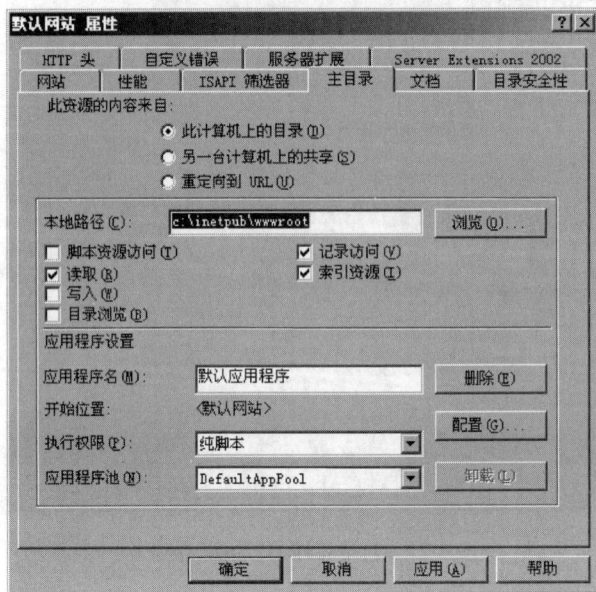

图 8-23　网站属性的"主目录"选项卡

问源代码，源代码包含 ASP 应用程序中的脚本。

（2）读取：选择该复选框，可以允许用户读取或者下载文件或目录及其相关属性。

（3）写入：选择该复选框，可以允许用户将文件及其相关属性上传到服务器上已启用的目录中，或者更改可写文件的内容。只有支持 HTTP 1.1 协议标准 PUT 特性的浏览器，才允许具有写入权限。

（4）目录浏览：选择该复选框，可以允许用户看到该虚拟目录中的文件和子目录的超文本列表。因为虚拟目录不会出现在目录列表中，所以用户必须知道虚拟目录的别名。如果禁用了"目录浏览"选项并且用户未指定文件名，那么 Web 服务器将在用户的 Web 浏览器中显示"禁止访问"错误消息。

（5）记录访问：选择该复选框，可以将 IIS 配置成在日志文件中记录对此目录的访问。只有启用了该网站的日志记录之后，才会记录访问。

（6）索引资源：选择该复选框，可以允许 Microsoft 索引服务将此目录包含到网站的全文索引中。设置该选项前，必须通过"控制面板"→"添加或删除程序"选项启动索引服务。

"应用程序设置"选项区域的参数包括以下几种。

① 应用程序名：输入根目录的名称。

② 开始位置：显示了应用程序在其上配置的配置数据库节点。

③ 执行权限：设置该站点资源的许可的程序执行级别。若将权限设置为"无"，可以限制只能访问静态文件，如 HTML 或图像文件；若将权限设置为"纯脚本"，可以只允许运行纯脚本，而不运行可执行程序；若将权限设置为"脚本和可执行文件"，可以解除所有限制，以便所有文件类型均可以访问或执行。

④ 应用程序池：设置与该主目录相关联的应用程序池。

如图 8-24 所示为选中"另一台计算机上的共享"单选按钮的网站属性的"主目录"选项

卡,允许用户查看或更新与该计算机有活动连接的其他计算机上的 Web 内容。如果管理员具有远程计算机上的管理权限,可以通过执行任何的 Windows 安全方法来控制对其内容的访问。在"网络目录"文本框中输入服务器名和目录名,单击"连接为"按钮可以输入网络用户名和密码信息。

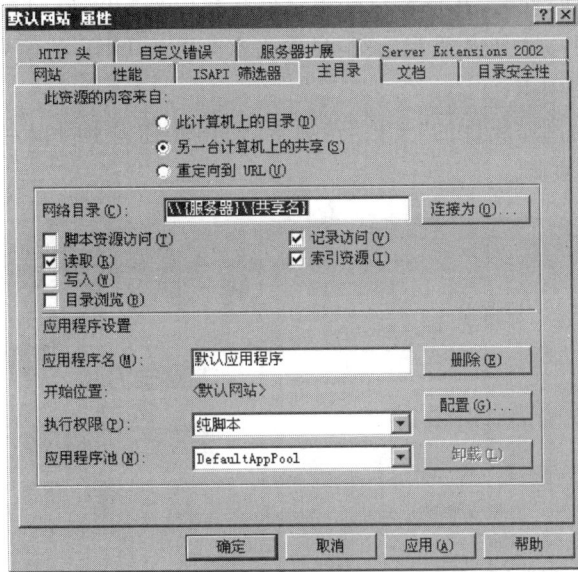

图 8-24　设置共享的"主目录"选项卡

如图 8-25 所示为选中"重定向到 URL"单选按钮的网站属性的"主目录"选项卡,在"重定向到"文本框中输入 URL,将客户端应用程序(如浏览器)重定向到其他网站或虚拟目录。"客户端将定向到"选项区域包括 3 个选项。

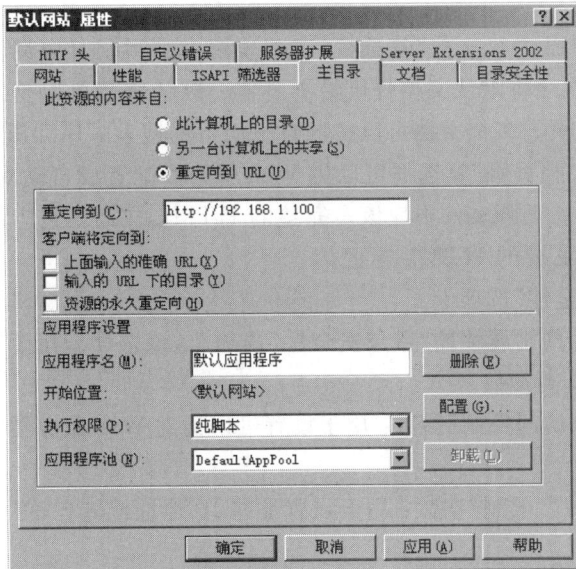

图 8-25　重定向 URL 的"主目录"选项卡

➢ 上面输入的准确 URL：选择该复选框，可以将虚拟目录重定向到目标 URL，而不添加原始 URL 的任何其他部分。可以使用该选项将整个虚拟目录重定向到一个文件。

➢ 输入的 URL 下的目录：选择该复选框，可以将父目录重定向到子目录。

➢ 资源的永久重定向：选中此复选框可以将"301 永久重定向"消息发送到客户端。重定向被视为临时性的，并且客户端浏览器将接收到"302 临时重定向"消息。某些浏览器可以使用"301 永久重定向"消息作为永久更改 URL 的信号。

5）配置"文档"选项卡

如图 8-26 所示为网站属性的"文档"选项卡，使用此选项卡可以定义站点的默认网页，并在站点文档中附加页脚。

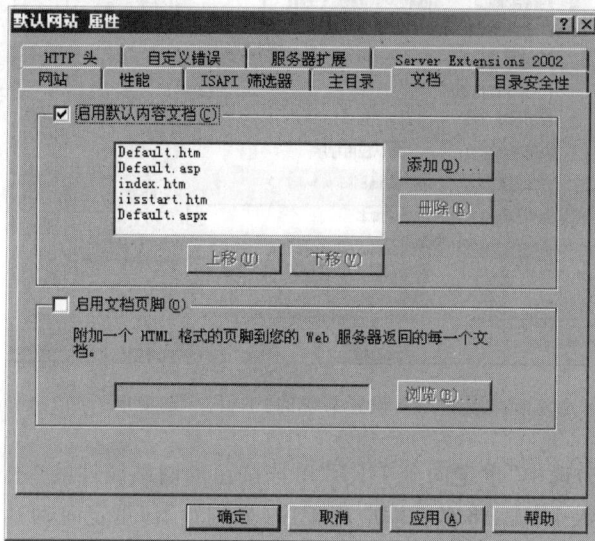

图 8-26　网站属性的"文档"选项卡

（1）选中"启用默认内容文档"复选框，在列表框中列举了只向浏览器请求没有指定文档名称，则按照列表次序将默认文档提供给浏览器。默认文档可以是目录主页或包含站点文档目录列表的索引页。多个文档可以按照自上向下的搜索顺序列出。

（2）选中"启用文档页脚"复选框可以将 Web 服务器配置成自动附加页脚到 Web 服务器返回的所有文档中。页脚文件不应该是完整的 HTML 文档。它应该只包含格式化页脚内容的外观和功能的必要的 HTML 标记。

6）配置"目录安全性"选项卡

如图 8-27 所示为网站属性的"目录安全性"选项卡，该选项卡用于对 IIS 的安全性功能进行设置，可以设置 3 类参数。

（1）"身份验证和访问控制"参数：用于设置可以访问 Web 服务器的用户和验证用户身份的方法。

（2）"IP 地址和域名限制"参数：用于设置那些 IP 地址或域名，可以访问或者拒绝访问该网站的目录或文件。

（3）"安全通信"参数：用于设置通过使用服务器证书和证书映射，来提供保护客户端

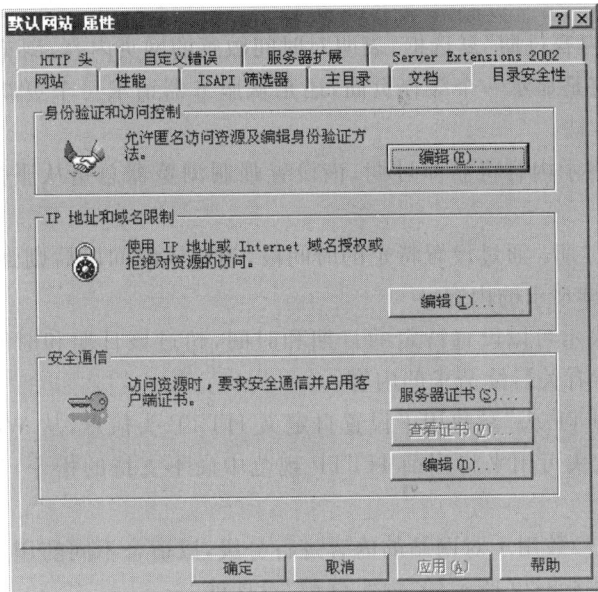

图 8-27　网站属性的"目录安全性"选项卡

与 Web 服务器之间的通信安全。

7) 配置"HTTP 头"选项卡

如图 8-28 所示为网站属性的"HTTP 头"选项卡,该选项卡可以在 HTML 页的标题中设置返回到浏览器的值,也可以设置内容的内容分级以及定义 MIME 类型。这些值可以对所有站点进行全局设置,也可以在每个站点中单独设置。IIS 对这些设置使用继承模型。如设置或更改了与层次结构中的其他节点处的设置有冲突的设置,那么系统将提示指定应

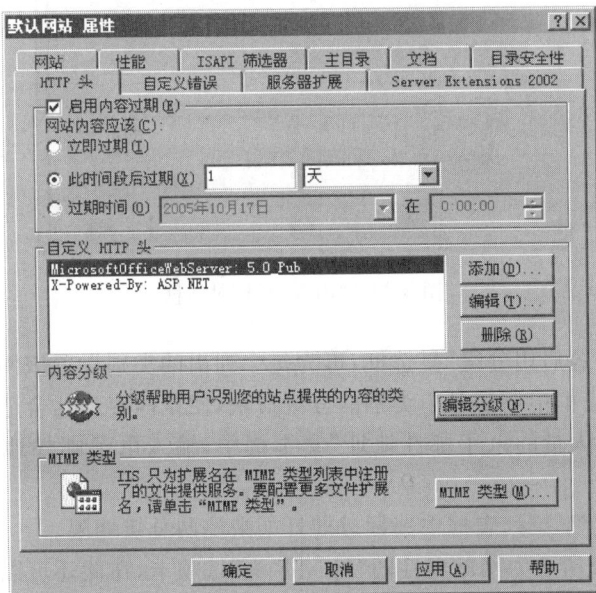

图 8-28　网站属性的"HTTP 头"选项卡

用此新设置的节点。

（1）选中"启用内容过期"复选框，表明对时间敏感的网页内容，浏览器将当前日期与过期日期相比较以决定是显示一个缓存页面，还是从服务器请求一个更新的页面。有3种设置网页是否过期的方法。

① 立即过期：表示内容将立即过期，该设置强制浏览器总是从服务器上，检索有关后续请求的最新内容。

② 此时间段后过期：通过设置特定的时间段，超过该时间段后则强制浏览器重新从服务器上，检索有关后续请求的内容。

③ 过期时间：表示可以设置特定的日期和时间，超过该日期和时间后，则强制浏览器重新从服务器上检索有关后续请求的内容。

（2）"自定义 HTTP 头"参数用于设置自定义 HTTP 头信息，从 Web 服务器发送到客户端浏览器。自定义头可用来将当前 HTTP 规范中尚不支持的指令，从 Web 服务器发送到客户端。

（3）"内容分级"参数用于对网站的内容进行分级，以适合不同的用户群使用。单击"编辑分级"按钮，弹出如图 8-29 所示的"内容分级"对话框。

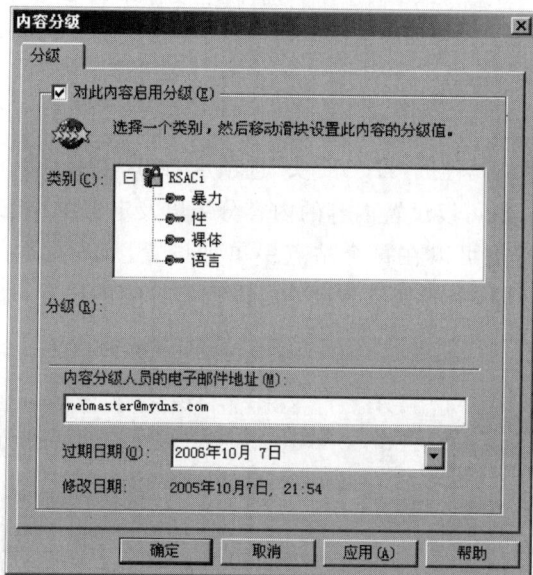

图 8-29 "内容分级"对话框

① 选中"对此内容启用分级"复选框，可为每个列出的类别设置该网站上的分级级别。

② 在"类别"列表框中调整各个类别的分级滑块，使该内容到达合适的级别。

③ 在"内容分级人员的电子邮件地址"文本框中，输入电子邮件地址来识别内容分级人员。

④ 在"过期日期"下拉列表框中选择过期日期来控制分级期限。

（4）在如图 8-28 所示为网站属性的"HTTP 头"选项卡，在此还可以设置"MIME 类型"参数。Multipurpose Internet Mail Exchange（多用途 Internet 邮件交换）类型，说明了 Web 浏览器或邮件应用程序如何处理从服务器接收的文件。

8）配置"自定义错误"选项卡

如图 8-30 所示为网站属性的"自定义错误"选项卡,使用该选项卡可以自定义 HTTP 错误消息,当 Web 服务器发生错误时,将此错误消息发送给客户端。管理员可以使用 IIS 提供的一般默认 HTTP 1.1 错误或详细的自定义错误文件,或者创建自己的自定义错误文件。这些值可以对所有站点进行全局设置,也可以在每个站点中单独设置。

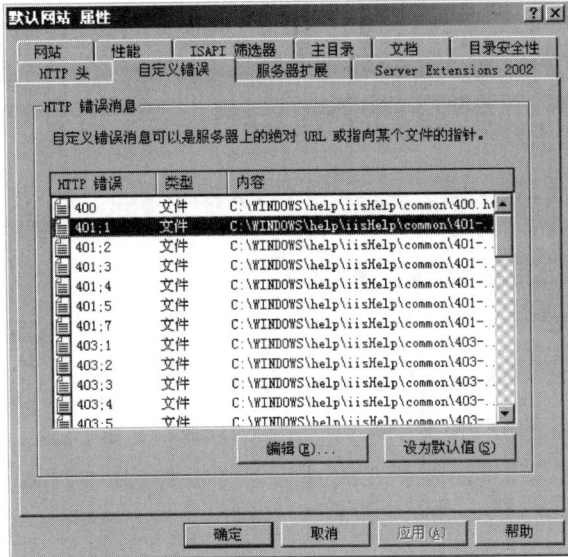

图 8-30　网站属性的"自定义错误"选项卡

9）配置"服务器扩展"选项卡

如图 8-31 所示为网站属性的"服务器扩展"选项卡

（1）如选中"启用创作功能"复选框,表示允许创作者使用 FrontPage 来访问并修改选定站点的内容;不选中该选项将防止任何人访问并修改选定的站点。

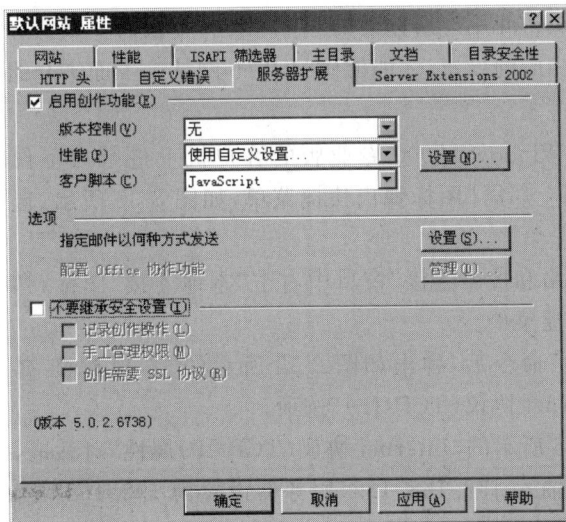

图 8-31　网站属性的"服务器扩展"选项卡

（2）"不要继承安全设置"选项默认是没有选中的，表示子站点将继承父站点的安全设置。如果要让选定的子站点具有其父站点不同的安全设置，则选中该复选框。

10）配置 Server Extensions 2002 选项卡

如图 8-32 所示为网站属性的 Server Extensions 2002 选项卡，单击"设置"按钮进入基于 Web 方式的 FrontPage Server Extensions 2002 管理。使用该 Web 方式可以配置服务器的常规设置。

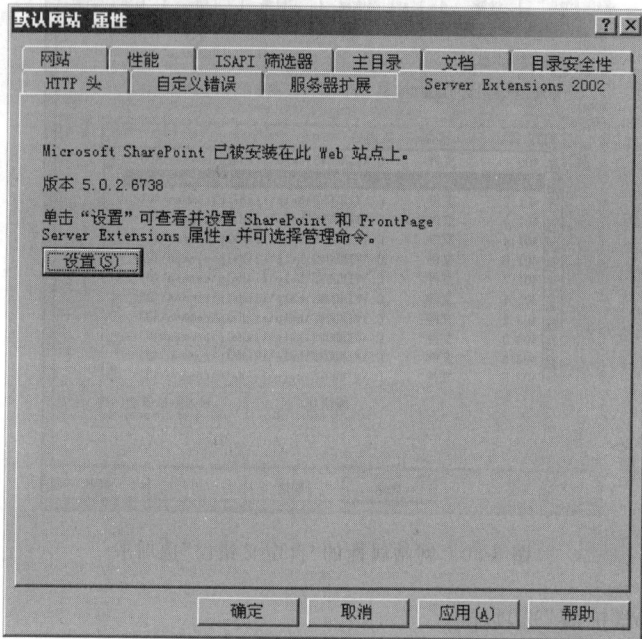

图 8-32　网站属性的 Server Extensions 2002 选项卡

3. 客户机上设置访问 Web

为了能够让客户机访问用户所创建的 Web 网站，不仅需要设置好一台 Web 服务器，还需要在客户机上进行相应的设置，才能够访问 Web 网站。下面来介绍如何使客户机能够访问所创建的 Web 网站。

（1）在一台装有 Windows 2000 专业版的客户机上进行如下设置。在桌面上右击"网上邻居"图标弹出快捷菜单，如图 8-33 所示，选择"属性"命令。

（2）在打开的"网络和拨号连接"窗口中右击"本地连接"图标，弹出如图 8-34 所示的快捷菜单。

（3）在执行"属性"命令后，弹出如图 8-35 所示的"本地连接 属性"对话框，双击"Internet 协议（TCP/IP）"选项。

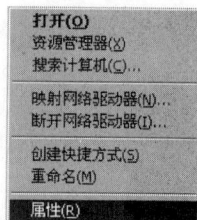

图 8-33　快捷菜单

（4）弹出如图 8-36 所示的"Internet 协议（TCP/IP）属性"对话框，在"IP 地址"文本框中输入 192.168.1.2（服务器设置为 192.168.1.1，须同一个网段）；在"子网掩码"文本框中输入 255.255.255.0；在"默认网关"文本框中输入 192.168.1.1；在"首选 DNS 服务器"文本框中输入"192.168.1.1"，并依次单击"确定"按钮。

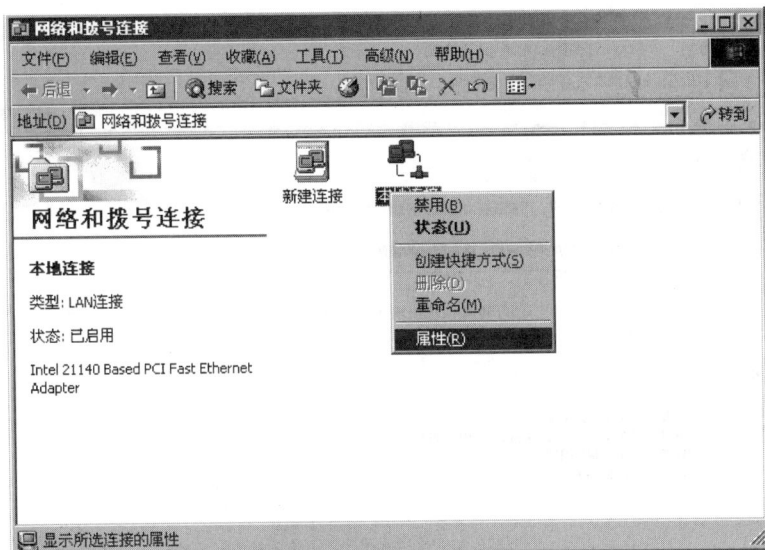

图 8-34　"网络和拨号连接"窗口

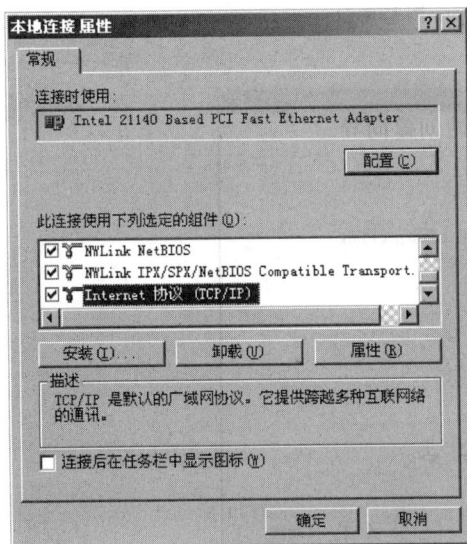

图 8-35　"本地连接 属性"对话框

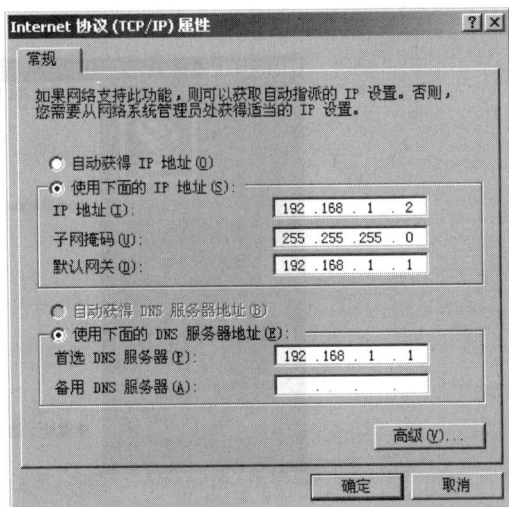

图 8-36　"Internet 协议(TCP/IP)属性"对话框

（5）打开 IE 浏览器，在地址栏输入 www.mydns.com，弹出如图 8-37 所示的浏览页面，即表示 IIS 构建 Web 服务器及在客户机的设置都已正确。

4. 新建 Web 站点

IIS 6.0 的 Web 服务器提供了利用同一个 IP 地址，不同的 TCP 端口创建多个 Web 服务器的功能。下面就如何创建新的 Web 服务器进行详细介绍。

（1）在"应用程序服务器"→"Internet 信息服务(IIS)管理器"→"SERVER1(本地计算机)"→"网站"选项卡，右击弹出快捷菜单，选择"新建"→"网站"菜单命令，弹出如图 8-38 所示的网站创建向导。

133

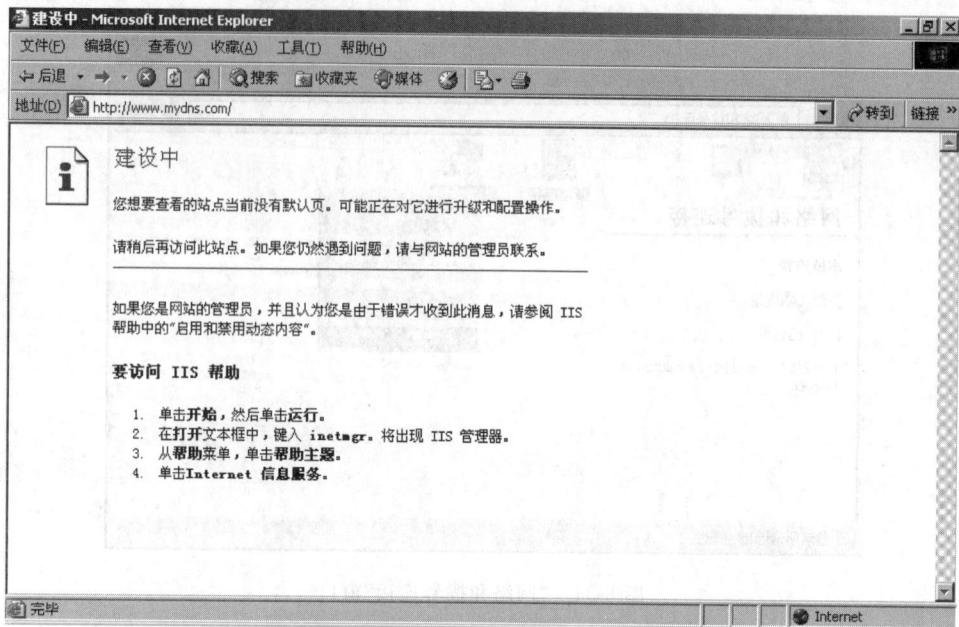

图 8-37　www.mydns.com 浏览页面

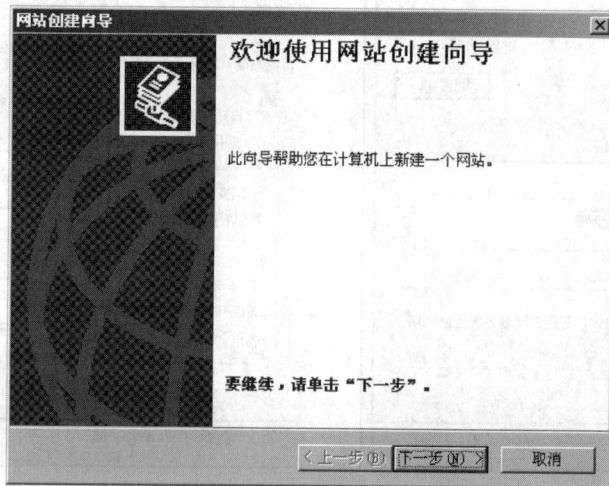

图 8-38　网站创建向导

　　(2) 单击"下一步"按钮,弹出如图 8-39 所示的"网站描述"页面,输入描述网站的信息,如影视下载。

　　(3) 单击"下一步"按钮,弹出如图 8-40 所示的"IP 地址和端口设置"页面,在该处输入网站相应的 IP 地址、TCP 端口及主机头,如 IP 地址为 192.168.1.1;TCP 端口为 81;主机头为 www.mydns.com。

　　(4) 单击"下一步"按钮,弹出如图 8-41 所示的"网站主目录"页面。在该页面的路径中输入相应的主目录地址,也可以通过浏览方式来找到相应的主目录地址,如 D:\www。

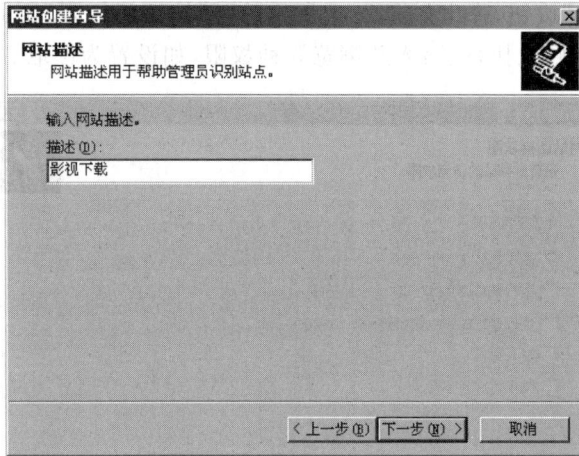

图 8-39　"网站描述"页面

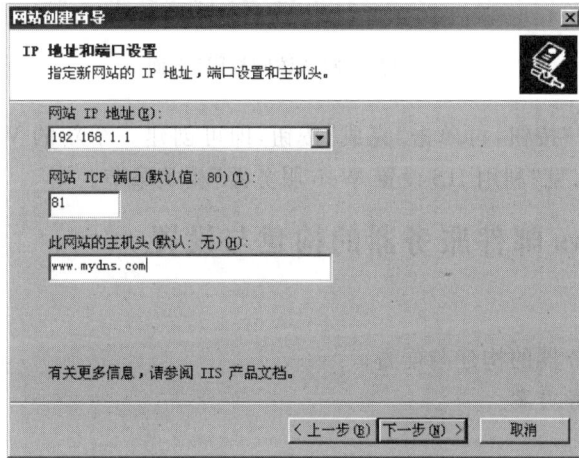

图 8-40　"IP 地址和端口设置"页面

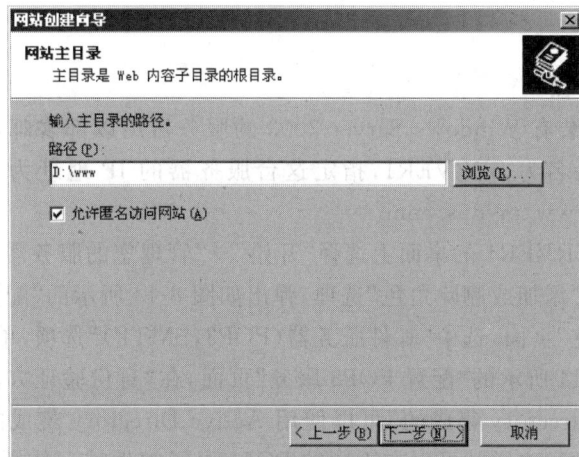

图 8-41　"网站主目录"页面

（5）单击"下一步"按钮，弹出如图 8-42 所示的"网站访问权限"页面。该页面中可以设置权限，有读取、运行脚本、执行、写入及浏览 5 种权限，如设置为读取。

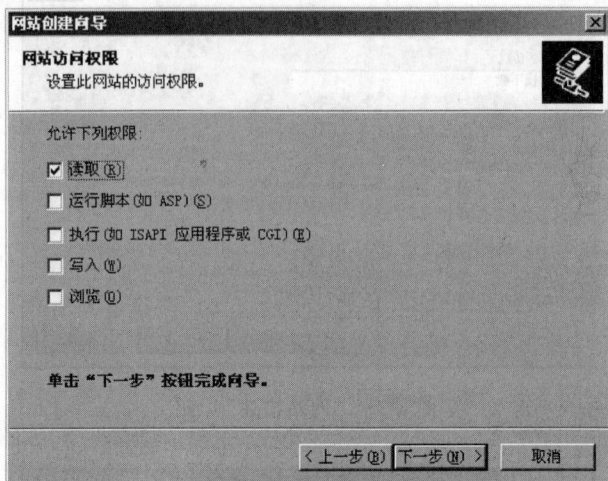

图 8-42 "网站访问权限"页面

（6）单击"下一步"按钮，再单击"完成"按钮，即可创建一个新的 Web 站点。如需进行其他的相关属性设置，见"利用 IIS 设置 Web 服务器"相关章节。

模块 3 Windows 邮件服务器的构建与设置

一、教学目标

1. 掌握 Web 服务器的构建与配置。

2. 设计 Web 服务方案。

二、工作任务

1. 为网络提供 Web 服务。

2. 设计分配整个网络 Web。

三、实施步骤

1. 构建邮件服务器

首先选择一台安装有 Windows Server 2003 的服务器用以部署邮件服务器，并且指定这台服务器的计算机名为 SERVER1，指定这台服务器的 IP 地址为 192.168.1.1，指定 DNS 服务器域名为 www.mydns.com。

（1）在计算机 SERVER1 的桌面上选择"开始"→"管理您的服务器"命令，弹出"管理您的服务器"界面，单击"添加或删除角色"选项，弹出如图 8-43 所示的"配置您的服务器向导"对话框的"服务器角色"页面，选中"邮件服务器（POP3,SMTP）"选项，单击"下一步"按钮。

（2）弹出如图 8-44 所示的"配置 POP3 服务"页面，在"身份验证方法"下拉列表框中有两种选项："Active Directory 集成的"可以使用 Active Directory 集成的身份验证，来支持多个 POP3 电子邮件域，这样就可以在不同的 POP3 电子邮件域上使用相同的用户名；"加密的密码文件"使用加密密码文件身份验证，可以在不同的域中使用相同的用户名。在"电子邮件域名"文本框中输入电子邮件地址的域名,如 mydns.com。

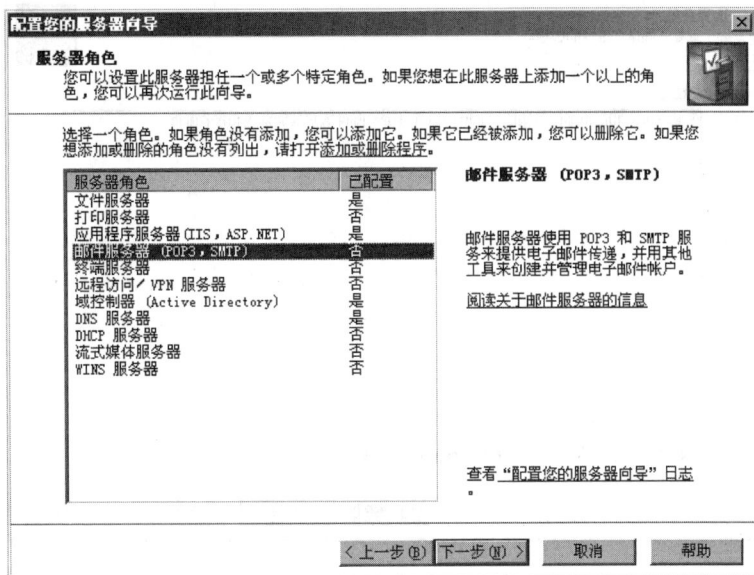

图 8-43　"服务器角色"页面

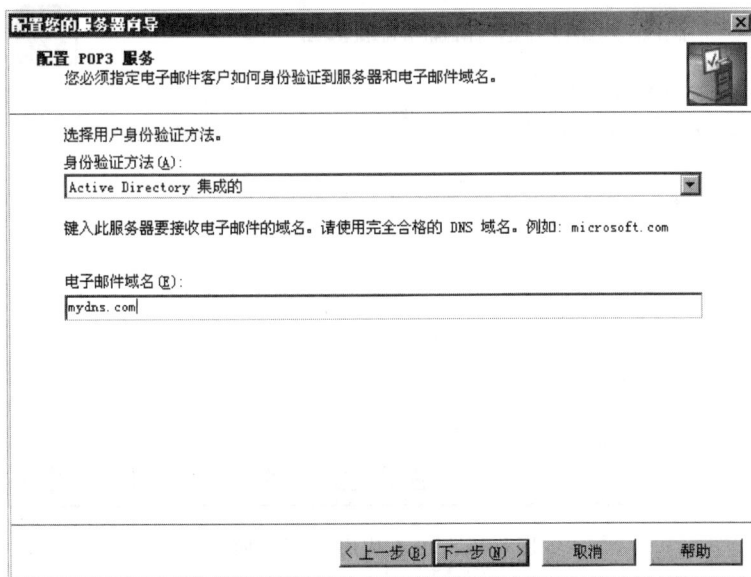

图 8-44　"配置 POP3 服务"页面

（3）单击"下一步"按钮,弹出如图 8-45 所示的"选择总结"页面,可以查看和确认已经选择的选项。

（4）单击"下一步"按钮,弹出如图 8-46 所示的"正在应用选择"页面。该页面正在安装所选择的项目,需要等候一段时间,直到弹出"安装完成"页面,单击"完成"按钮,即可完成邮件服务器（POP3、SMTP）的安装。

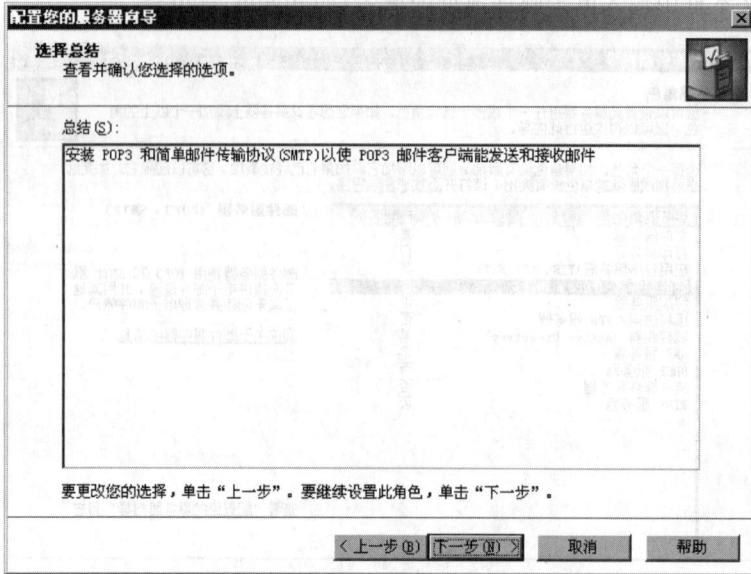

图 8-45 "选择总结"页面

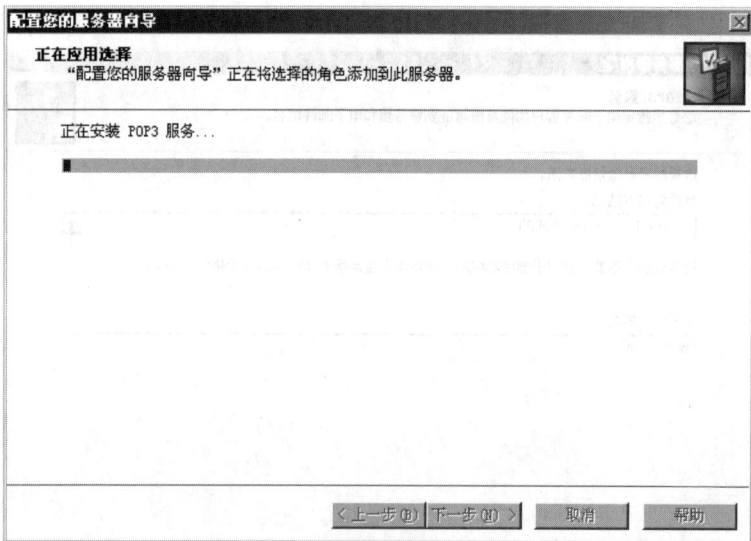

图 8-46 "正在应用选择"页面

2. 配置邮件服务器

在配置邮件服务器之前,先需要配置好 DNS 中的有关 SMTP 及 POP3(有关 DNS 的具体设置见 DNS 设置章节,本节只做出简单的基本配置)的内容。

1) 配置 DNS 服务器中的 SMTP 和 POP3 服务

(1) 在计算机 SERVER1 的桌面上选择"开始"→"管理您的服务器"命令,弹出如图 8-47 所示的"管理您的服务器"窗口,单击"管理此 DNS 服务器"选项,就可以进入 DNS 服务器窗口。

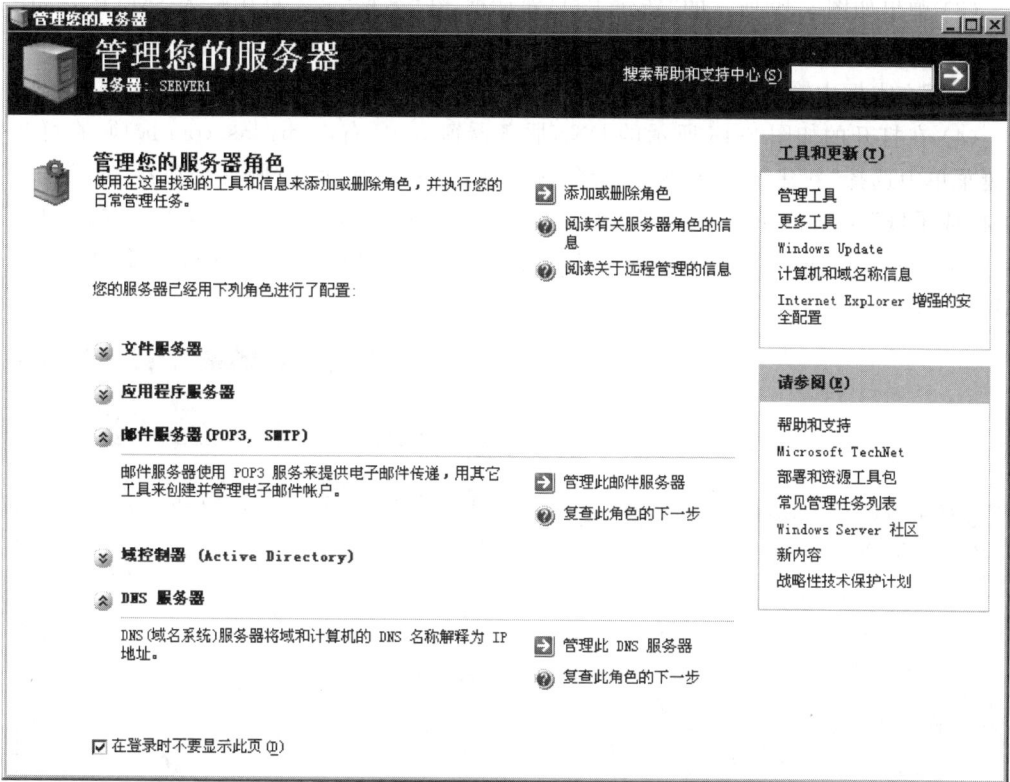

图 8-47　"管理您的服务器"窗口

（2）在打开的如图 8-48 所示的 DNS 服务器窗口中，右击 mydns.com 选项，在弹出的快捷菜单中选择"新建主机"命令。

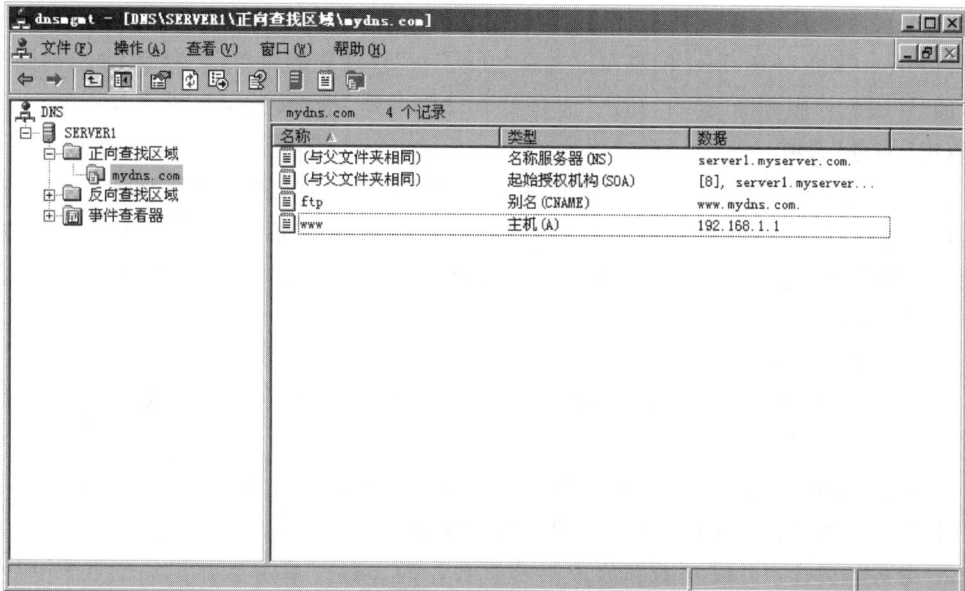

图 8-48　DNS 服务器窗口

（3）弹出如图 8-49 所示的"新建主机"对话框，在"名称"文本框中输入 SMTP，在"IP 地址"文本框中输入 192.168.1.1，单击"添加主机"按钮。在"名称"文本框中下输入 POP3，在"IP 地址"文本框中输入 192.168.1.1，单击"添加主机"按钮，单击"完成"按钮。

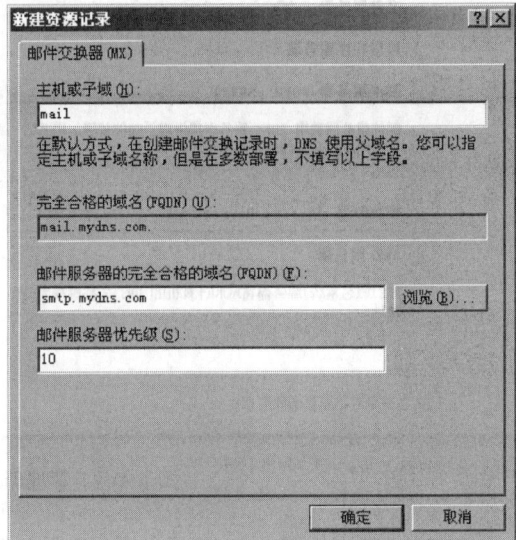

（4）在打开的如图 8-48 所示的 DNS 服务器窗口中，右击 mydns.com 选项，在弹出的快捷菜单中选择"新建邮件交换器"命令，弹出如图 8-50 所示的"邮件交换器"对话框。在"主机或子域"文本框中输入 mail，在"邮件服务器的完全合格的域名"文本框中输入 smtp.mydns.com，单击"确定"按钮，即可完成邮件服务所需的 DNS 服务器中 POP3 和 SMTP 的设置。

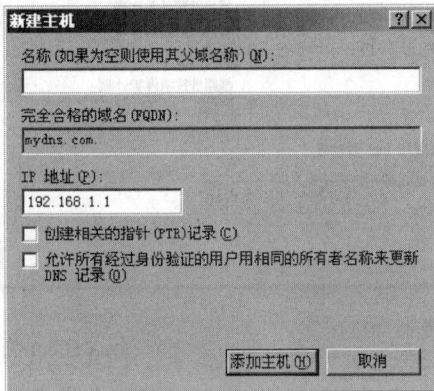

图 8-49　"新建主机"对话框　　　图 8-50　"邮件交换器"对话框

2）配置邮件服务器

（1）在计算机 SERVER1 的桌面上选择"开始"→"管理您的服务器"命令，弹出如图 8-47 所示的"管理您的服务器"窗口，单击"管理此邮件服务器"选项，就可以进入如图 8-51 所示的"POP3 服务"选项。

① 连接到其他服务器：可以连接到其他利用邮件服务器，进行远程管理。单击"连接到其他服务器"链接，即弹出如图 8-52 所示的"连接服务器"对话框。在"服务器名"文本框中输入邮件服务器的 IP 地址、计算机名或能够被 DNS 域名解析的域名，单击"确定"按钮即可连接到邮件服务器。

② 重新启动 POP3 服务：可以重新启动选定的邮件服务器的 POP3 服务。

③ 暂停 POP3 服务：选定邮件服务器后，单击"暂停 POP3 服务"链接，将不再接受连接，但现有连接不受影响。

④ 停止 POP3 服务：停止选定的邮件服务器的 POP3 服务，终止当前所有连接。

⑤ 断开服务器：可以断开和远程服务器的连接。

⑥ 服务器属性：可以查看和修改一些服务器的参数。单击后弹出如图 8-53 所示的"SERVER 1 属性"对话框。"身份验证方法"下拉列表框中显示了服务器采用的身份验证

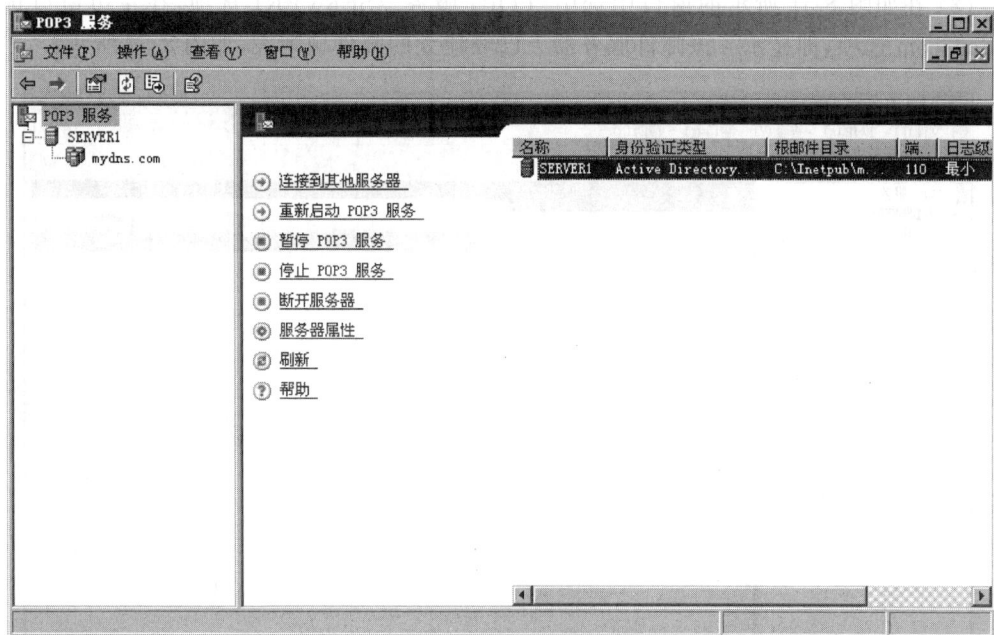

图 8-51 "POP3 服务"窗口

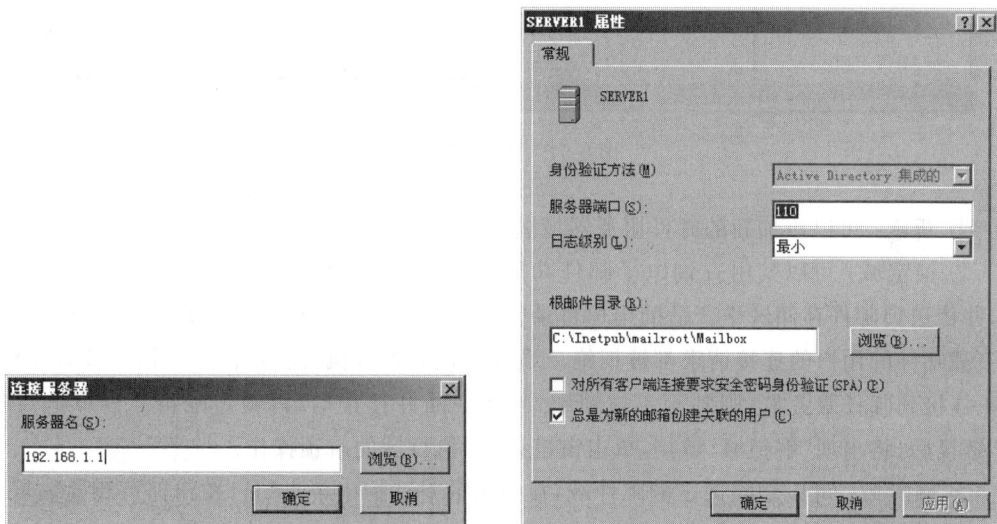

图 8-52 "连接服务器"对话框

图 8-53 "服务器属性"对话框

方法,不可修改;"服务器端口"文本框可以设置 POP3 服务器使用的 TCP 端口,可以设置成 1~65535 的空闲端口值;"日志级别"下拉列表框中有"无""最小""中""最大"4 个选项,默认为"最小";"根邮件目录"文本框可以设置邮件账户存储的目录;"对所有客户端连接要求安全密码身份验证"复选框,表示选中该项将对连接到该邮件服务器的用户,都要求用安全的身份验证来传输用户名和密码;"总是为新的邮箱创建关联的用户"复选框,表示选中该项在创建邮箱的同时也创建同名的邮件账户,为默认选项。

（2）在如图 8-51 所示的窗口中选中"POP3 服务"/SERVER1 选项，在左边窗口选中 mydns.com 选项，即显示了该邮件服务器上已经建立的邮件域列表，如图 8-54 所示。

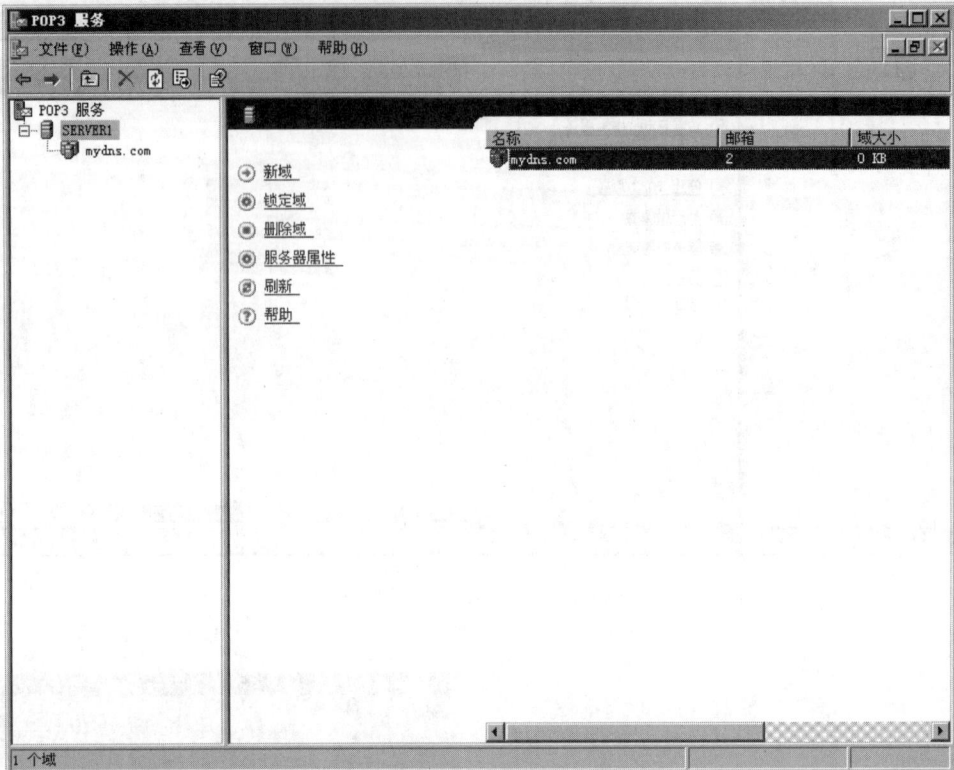

图 8-54　"邮件域列表"

① 新域：可以添加新的邮件服务器域名。

② 锁定域：可以禁用查询电子邮件功能，当域被锁后仍可以接收传入到域的电子邮件，并传送到邮件存储区中合适的用户目录。同样，传出的邮件照样能发送，但所有从服务器下载邮件的用户的连接请求都被拒绝。当域被锁后仍可执行管理任务。锁定域时如果用户正连接到邮件服务器，则邮箱不被锁定，当用户断开连接后，再锁定邮箱。当单击"锁定域"链接后，将出现"解锁域"链接，单击该链接，即执行域的解锁操作。

③ 删除域：可以删除选定的邮件域，在弹出的对话框中单击"是"按钮即可删除该域。

④ 服务器属性：同上。

（3）在图 8-51 所示窗口中选中"POP3 服务"/SERVER1/mydns.com 选项，在右边窗口显示出如图 8-55 所示的邮件信箱管理页面。

① 添加邮箱：可以在该邮件域下添加新的邮件信箱。单击该链接，弹出如图 8-56 所示的"添加邮箱"对话框，在"邮箱名"文本框中输入邮箱名称，在"密码"与"确认密码"文本框中输入同样的密码，单击"确定"按钮即可完成创建新邮箱的操作。"为此邮箱创建相关联的用户"复选框被选中则创建相应的邮件账户名，如不被选中则不创建相应的邮件账户名。如添加一个邮箱名称为 one。

142

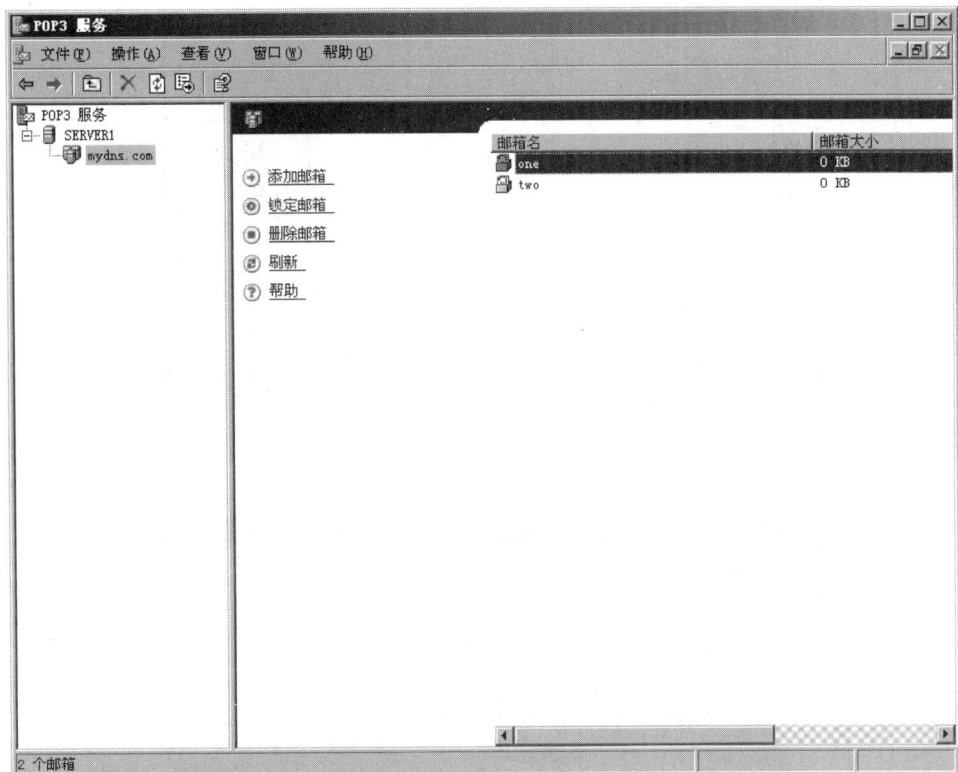

图 8-55　邮件信箱管理页面

② 锁定邮箱：可以锁定选定的邮箱。当邮箱被锁定后,仍可以接收发送到邮件存储区的电子邮件。但用户却不能连接到服务器检索电子邮件。锁定邮箱只限制用户不能连接到服务器,但管理员仍然可以执行所有的管理任务。

③ 删除邮箱：单击该链接即可删除选中的邮箱。

3. 客户机上设置访问邮件服务器

为了能够让客户机访问用户所创建的邮件服务器,不仅需要设置好一台邮件服务器,而且

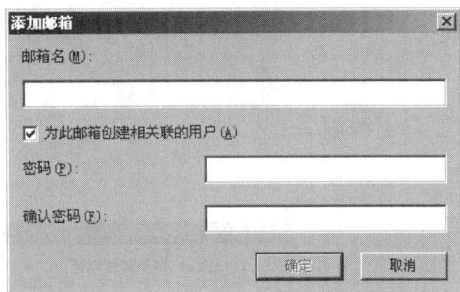

图 8-56　"添加邮箱"对话框

还需要在客户机上进行相应的设置,才能够访问邮件服务器。下面来介绍如何使客户机能够访问所创建的邮件服务器。

(1) 在一台装有 Windows 2000 专业版的客户机上打开 Outlook Express,选择"工具"→"账户"菜单命令,弹出如图 8-57 所示的"Internet 账户"对话框。

(2) 单击"添加"按钮在下拉菜单中选择"邮件"命令,弹出如图 8-58 所示的添加邮件"您的姓名"页面,在"显示名"文本框中输入 one,单击"下一步"按钮。

(3) 弹出如图 8-59 所示的"Internet 电子邮件地址"页面,在"电子邮件地址"文本框中输入 one@mydns.com,单击"下一步"按钮。

143

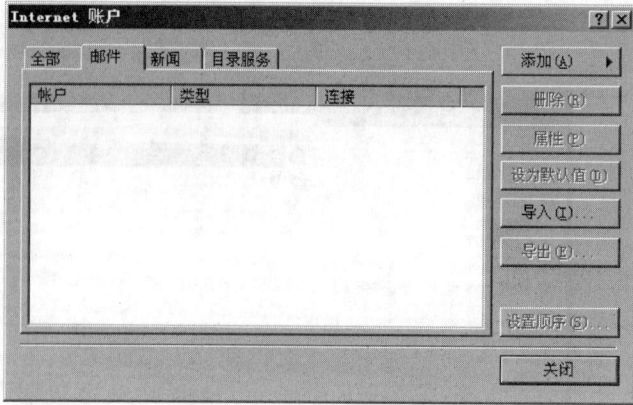

图 8-57 "Internet 账户"对话框

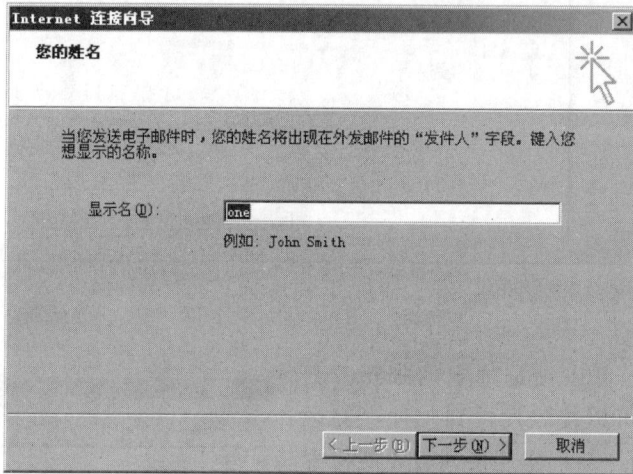

图 8-58 "您的姓名"页面

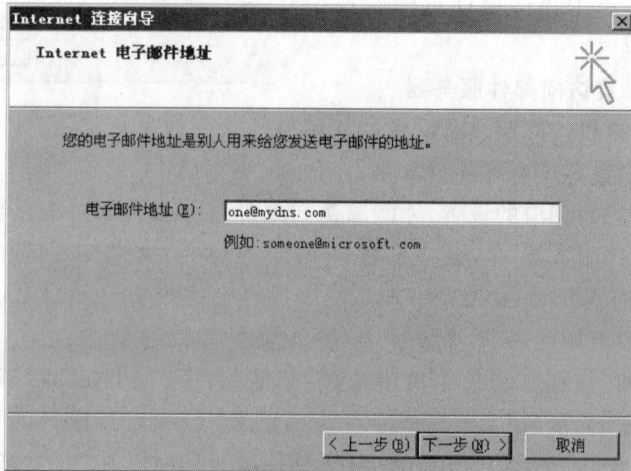

图 8-59 电子邮件地址页面

（4）弹出如图 8-60 所示的"电子邮件服务器名"页面,在"接收邮件服务器"文本框中输入 pop3. mydns. com,在"发送邮件服务器"文本框中输入 smtp. mydns. com,单击"下一步"按钮。

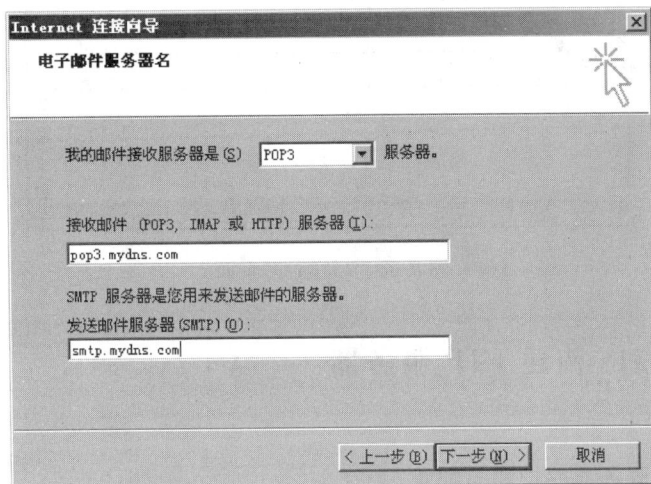

图 8-60　"电子邮件服务器名"页面

（5）弹出如图 8-61 所示的"Internet 邮件登录"页面,在"账户名"文本框输入 one,在"密码"文本框中输入相应的密码,选中"记住密码"及"使用安全密码验证登录(SPA)"复选框,依次单击"下一步""完成""关闭"按钮,即可完成新账户的添加。

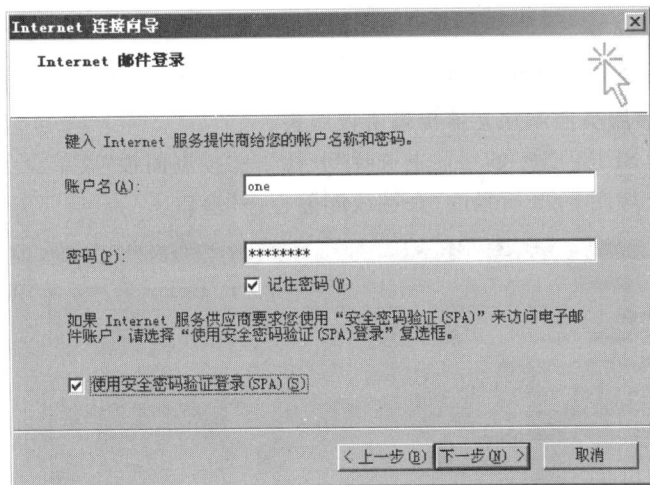

图 8-61　"Internet 邮件登录"页面

（6）选择"文件"→"新建"→"邮件"菜单命令,弹出如图 8-62 所示的"新邮件"页面,在"收件人"文本框中输入 one@mydns. com,"主题"及内容中都输入 test,单击"发送"按钮,再依次单击"发送""接收"按钮,即可在"收件箱"中看到新收到的邮件,至此收发邮件已经完成。

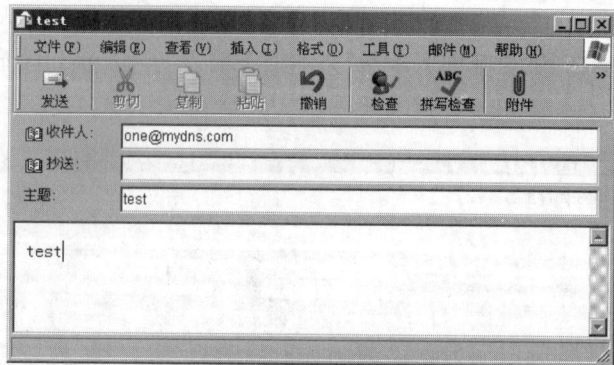

图 8-62 "新邮件"页面

模块 4 利用 IIS 构建 FTP 服务器

一、教学目标

1. 掌握 FTP 服务器的构建与配置。

2. 设计 FTP 服务方案。

二、工作任务

1. 为网络提供 FTP 服务。

2. 设计分配整个网络 FTP。

三、实施步骤

1. 构建 IIS 服务器

与利用 IIS 构建 Web 服务器相同。

2. 为应用程序服务器添加文件传输协议服务

（1）在计算机 SERVER1 的桌面上选择"开始"→"控制面板"菜单命令，单击"添加或删除程序"选项，弹出如图 8-63 所示的"添加或删除程序"窗口。

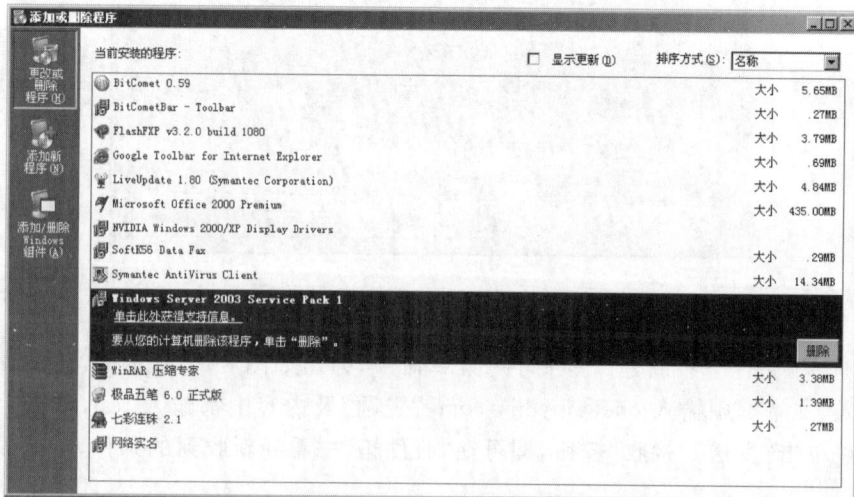

图 8-63 "添加或删除程序"对话框

（2）单击"添加/删除 Windows 组件"按钮，弹出如图 8-64 所示的"Windows 组件向导"对话框。

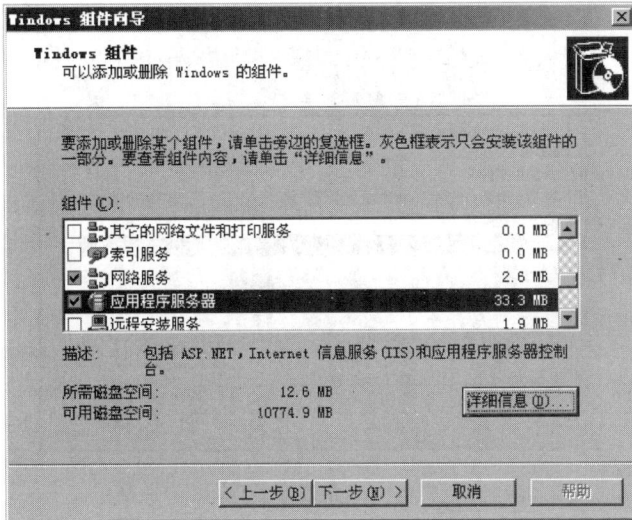

图 8-64　"Windows 组件向导"对话框

（3）选中"应用程序服务器"复选框，单击"详细信息"按钮，弹出如图 8-65 所示"应用程序服务器"对话框。

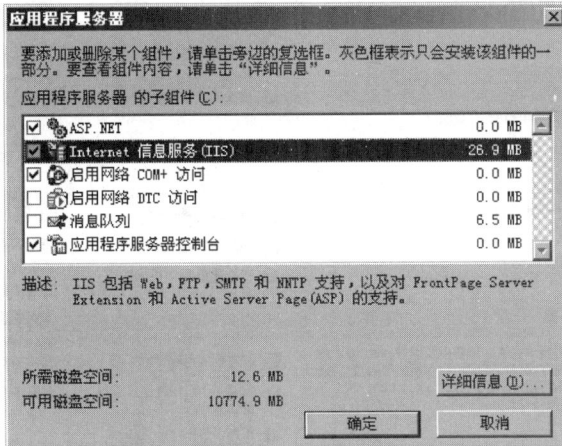

图 8-65　"应用程序服务器"对话框

（4）选中"Internet 信息服务（IIS）"复选框，单击"详细信息"按钮，弹出如图 8-66 所示"Internet 信息服务（IIS）"对话框。

（5）选中"文件传输协议（FTP）服务"复选框，依次单击"确定"和"下一步"按钮，弹出"正在配置组件"对话框，单击"完成"按钮即可。

3. 利用 IIS 设置 FTP 服务器

（1）在计算机 SERVER1 的桌面上选择"开始"→"管理您的服务器"菜单命令，弹出如

图 8-67 所示的"管理您的服务器"窗口,单击"管理此应用程序服务器"选项,就可以进入"应用程序服务器"窗口。

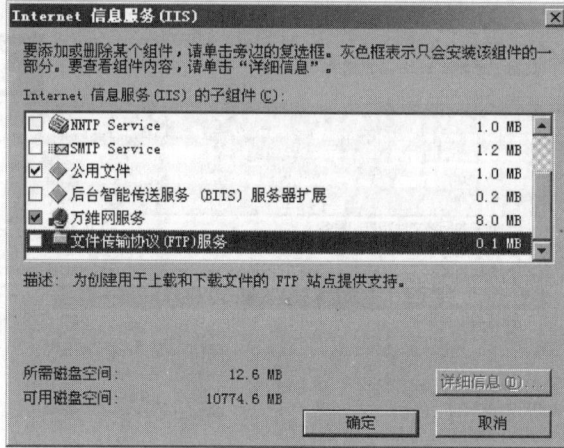

图 8-66 "Internet 信息服务(IIS)"对话框

图 8-67 "管理您的服务器"窗口

(2) 弹出如图 8-68 所示的"应用程序服务器"窗口后,在"应用程序服务器"→"Internet 信息服务(IIS)管理器"→"SERVER1(本地计算机)"→"FTP 站点"下,可以对相应的 FTP 站点进行设置。

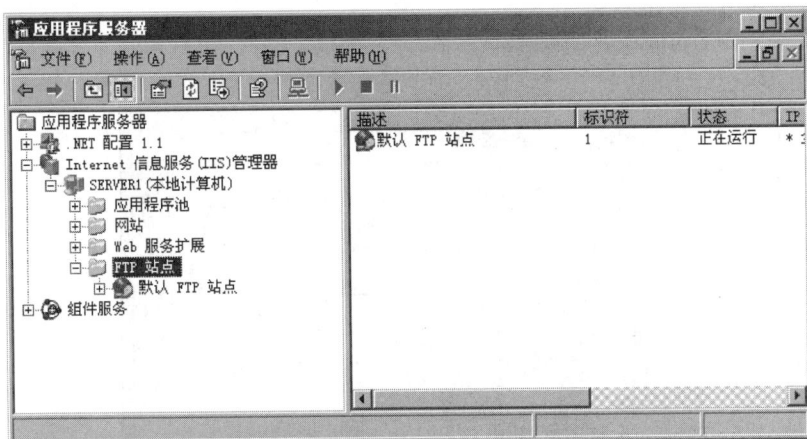

图 8-68 "应用程序服务器"窗口

（3）在"默认 FTP 站点"选项上右击，弹出如图 8-69 所示的 FTP 站点配置的快捷菜单。

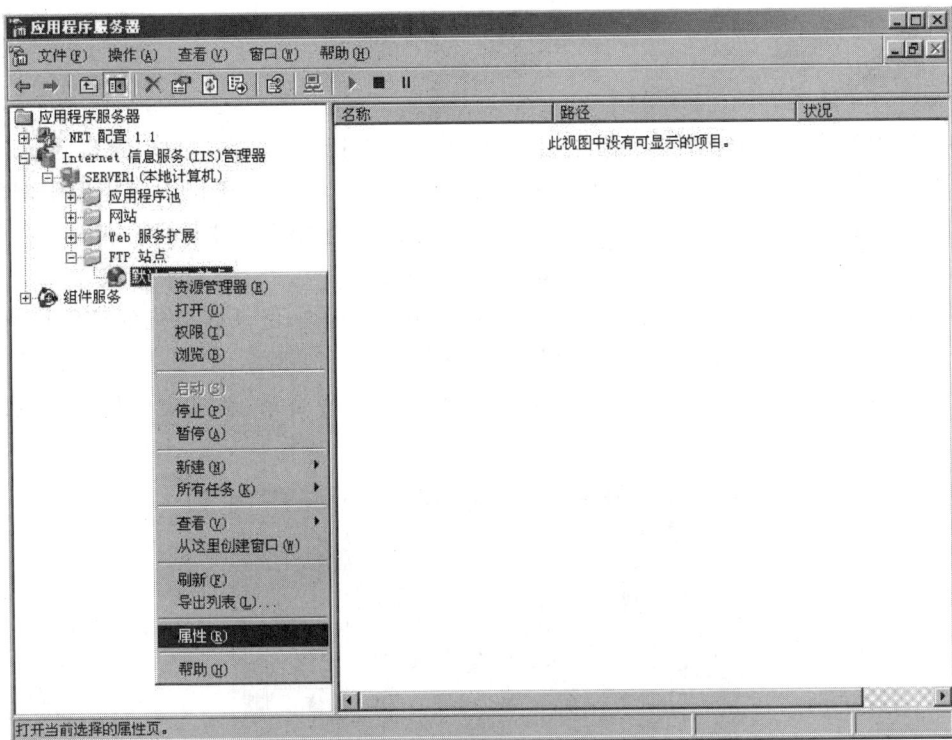

图 8-69 FTP 站点配置的快捷菜单

（4）选择"属性"命令，弹出如图 8-70 所示的"默认 FTP 站点 属性"对话框中的"FTP 站点"选项卡可以设置的选项如下。

① FTP 站点标识选项区域：在"描述"文本框中输入对该 FTP 站点的描述信息；在"IP 地址"下拉列表框中选中该 FTP 站点的 IP 地址；在"TCP 端口"文本框中设置该 FTP 站点的默认端口（默认端口为 21）。如描述为"默认 FTP 站点"，在 IP 地址中选择 192.168.1.1，

149

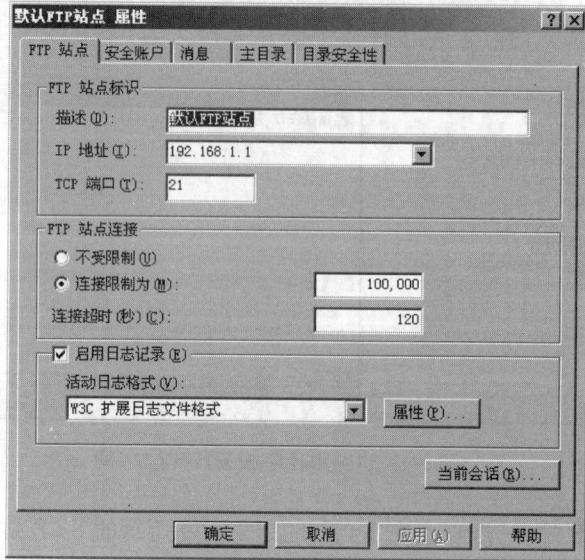

图 8-70 "FTP 站点"选项卡

TCP 端口为默认 21。

② FTP 站点连接选项区域：选中"不受限制"单选按钮表示不限制同时连接到 FTP 服务器的用户数；选中"连接限制为"单选按钮可以在文本框中输入该 FTP 站点要限制的同时连接用户数目；"在连接超时（秒）"文本框中，输入用户连接服务器后没有相关操作的时间间隔，超过这个时间值，服务器就会自动断开连接的用户。

③ 启用日志记录选项区域：设置是否启用服务器日志来记录客户机的访问情况，以及使用的日志文件的格式。单击"属性"按钮，弹出如图 8-71 所示的"日志记录属性"对话框，在该对话框中可以具体设置日志记录参数，对日志文件目录、新日志文件的产生进行设置。

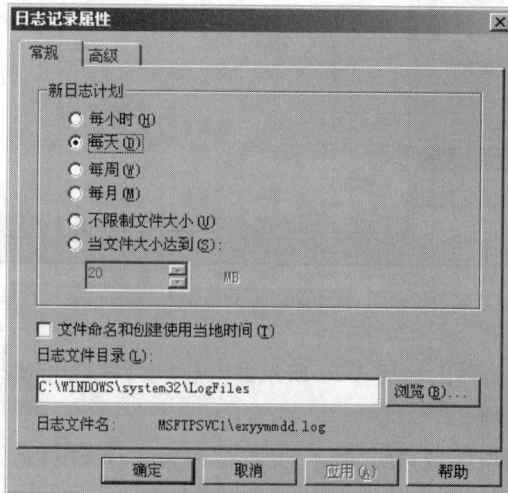

图 8-71 "日志记录属性"对话框

④ 当前会话按钮：查看当前连接到服务器的用户情况，单击"当前会话"按钮，弹出如图 8-72 所示的"FTP 用户会话"对话框，可以显示连接的用户、连接方及时间。

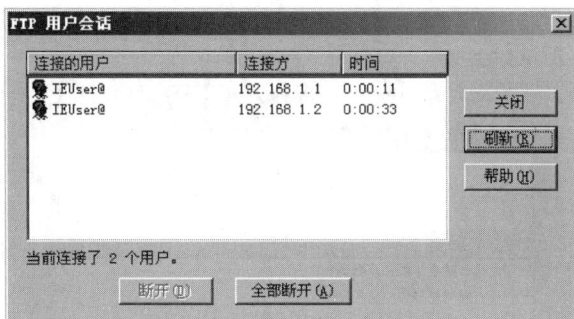

图 8-72 "FTP 用户会话"对话框

（5）单击"安全账户"标签，打开如图 8-73 所示的默认 FTP 站点的"安全账户"选项卡。若选中"允许匿名连接"复选框，表明任何用户都可以作为匿名用户登录该 FTP 站点，默认情况下，IIS 6.0 为所有的匿名登录创建名为"IUSR_计算机名"（如本机为 IUSR_SERVER1）的账号。如果不选中该项，则用户登录 FTP 站点时必须提供用户名和密码，但由于 FTP 是明文传送账号和密码，故安全性较差。如果选中"只允许匿名连接"复选框，表明用户不能使用用户登录，只能使用匿名登录。单击"浏览"按钮，可以添加能够用户登录的用户名和密码。

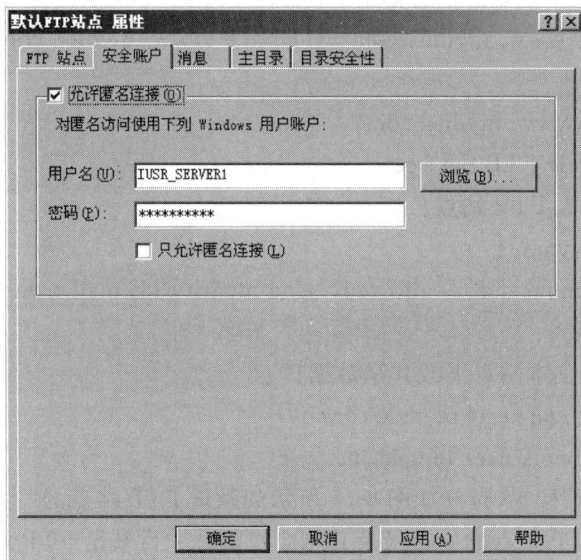

图 8-73 "安全账户"选项卡

（6）单击"消息"标签，打开如图 8-74 所示的默认 FTP 站点的"消息"选项卡。使用该选项卡可以创建在用户连接到 FTP 站点时，显示的标题、欢迎、退出和用户连接时已经达到最大连接用户数的消息。在标题、欢迎、退出文本框中输入相应消息，在客户机连接到 FTP 服务器之前，该服务器会显示相应的消息。在"最大连接数"文本框中输入消息，在客户机尝试

151

连接到 FTP 服务器,但由于 FTP 服务已达到允许的最大客户端连接数而失败时,则显示该消息。

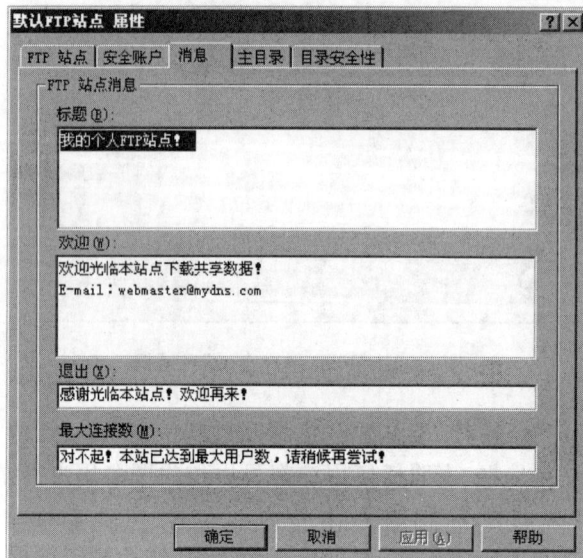

图 8-74 "消息"选项卡

配置了"消息"选项卡后,在客户机使用 FlashFXP(FTP 客户端连接软件)连接服务器时,在"操作信息显示区"显示的信息如下。

〔右〕正在连接到 www. mydns. com → DNS＝www. mydns. com IP＝192. 168. 1. 1 PORT＝21

〔右〕正在连接到 www. mydns. com

〔右〕220-Microsoft FTP Service

〔右〕220 我的个人 FTP 站点!

〔右〕USER anonymous

〔右〕331 Anonymous access allowed，send identity（E-mail name）as password.

〔右〕PASS（隐藏）

〔右〕230-欢迎光临本站点下载共享数据!

〔右〕E-mail：webmaster@mydns. com

〔右〕230 Anonymous user logged in.

（7）单击"主目录"标签,打开如图 8-75 所示的默认 FTP 站点的"主目录"选项卡。使用此选项卡可以修改 FTP 站点的主目录及其相应权限。主目录是 FTP 站点中用于已发布文件的位置,系统默认为本地计算机上的目录,路径为 C：\Inetpub\ftproot,权限为读取和记录访问,目录列表样式为 MS-DOS。

（8）单击"目录安全性"标签,打开如图 8-76 所示的默认 FTP 站点的"目录安全性"选项卡。使用该选项卡可允许或阻止单个计算机或计算机组访问 FTP 站点。选中"授权访问"单选按钮,可以按照计算机 IP 地址授予计算机访问权限,没有添加到列表中的计算机将不能访问。选中"拒绝访问"单选按钮,可以按照计算机 IP 地址拒绝计算机访问权限,没有添加到列表中的计算机将可以访问。

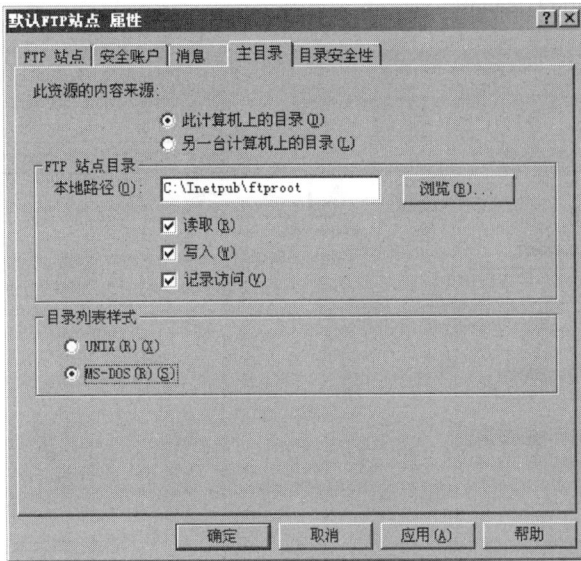

图 8-75　"主目录"选项卡

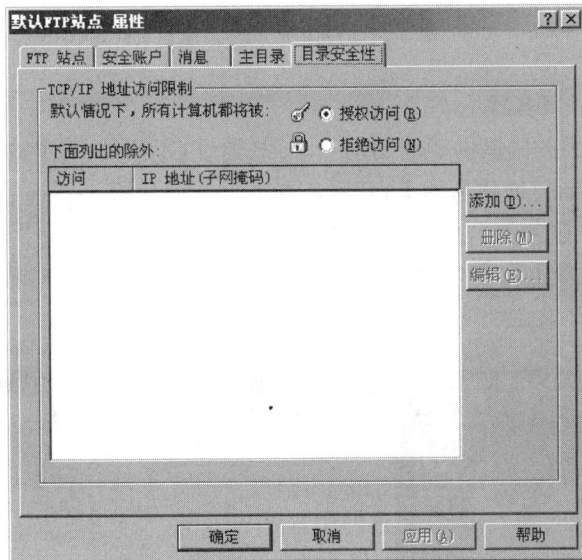

图 8-76　"目录安全性"选项卡

4. 客户机上设置访问 FTP

为了能够让客户机访问用户所创建的 FTP 站点,不仅需要设置好一台 FTP 服务器,而且还需要在客户机上进行相应的设置,才能够访问 FTP 站点。下面来介绍如何使客户机能够访问所创建的 FTP 站点。

(1) 在一台装有 Windows 2000 专业版的客户机上,进行有关"本地连接"属性里的 IP 地址等进行相应设置。

（2）打开 IE 浏览器，在地址栏中输入 ftp://www.mydns.com，按 Enter 键即出现如图 8-77 所示的 FTP 站点登录窗口。

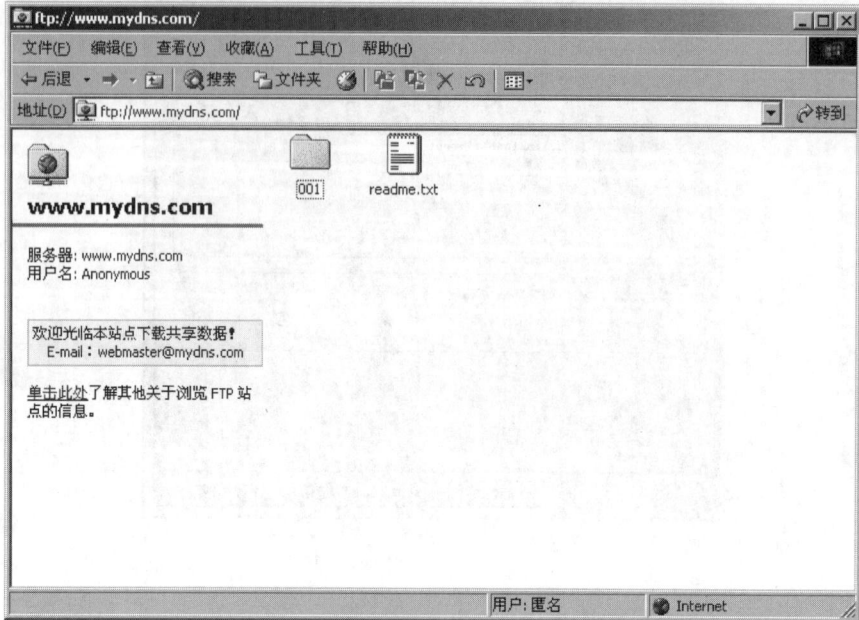

图 8-77　FTP 站点登录窗口

5. 创建新的 FTP 服务器

IIS 6.0 的 FTP 服务器提供了利用同一个 IP 地址，不同的 TCP 端口创建多个 FTP 服务器的功能。下面就如何创建新的 FTP 服务器进行详细介绍。

（1）在"应用程序服务器"→"Internet 信息服务（IIS）管理器"→"SERVER1（本地计算机）"→"FTP 站点"选项上右击，在弹出的快捷菜单上选择"新建"→"FTP 站点"命令，弹出如图 8-78 所示的 FTP 站点创建向导。

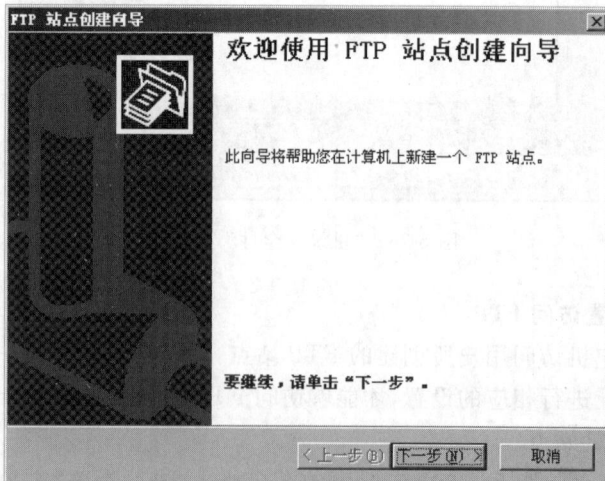

图 8-78　FTP 站点创建向导

（2）单击"下一步"按钮，弹出如图 8-79 所示"FTP 站点描述"页面，在"描述"文本框中可以输入该 FTP 站点的描述信息，如影视下载。

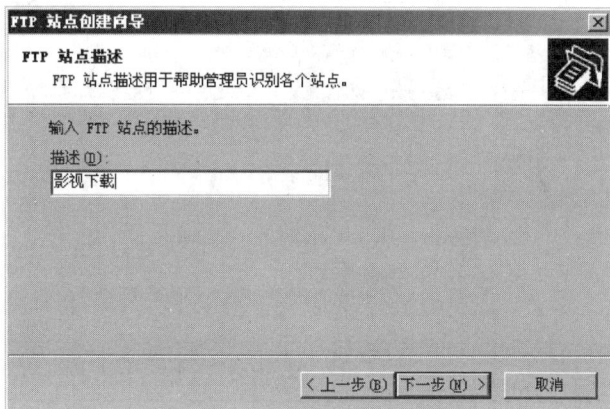

图 8-79 "FTP 站点描述"页面

（3）单击"下一步"按钮，弹出如图 8-80 所示的"IP 地址和端口设置"页面，该页面中选中下拉列表框中的 IP 地址，在 TCP 端口中输入一个端口号。如 IP 地址为 192.168.1.1，TCP 端口为 1001。

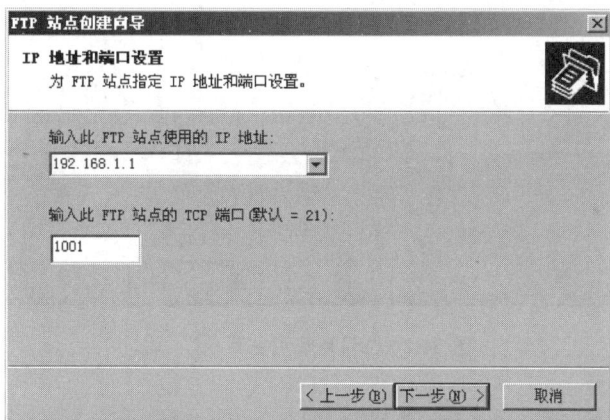

图 8-80 "IP 地址和端口设置"页面

（4）单击"下一步"按钮，弹出如图 8-81 所示的"FTP 用户隔离"页面。若选中"不隔离用户"复选框，表示用户可以访问其他用户的主目录；若选中"隔离用户"复选框，表示必须为用户指定在此 FTP 站点根目录下的主目录，用户只能访问自己的主目录，而不能访问其他用户的主目录；若选中"用 Active Directory 隔离用户"复选框，表示使用 Active Directory（活动目录）来集中管理用户的主目录。如选中"不隔离用户"复选框。

（5）单击"下一步"按钮，弹出如图 8-82 所示的"FTP 站点主目录"页面，在该页面中输入主目录的路径。如 D：\ftp。

（6）单击"下一步"按钮，弹出如图 8-83 所示的"FTP 站点访问权限"页面，该页面下有读取、写入两种权限可供使用（可以多选）。如选中"读取"权限复选框。

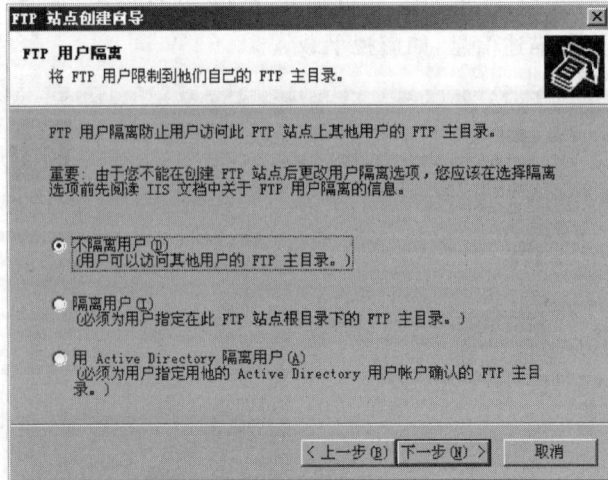

图 8-81 "FTP 用户隔离"页面

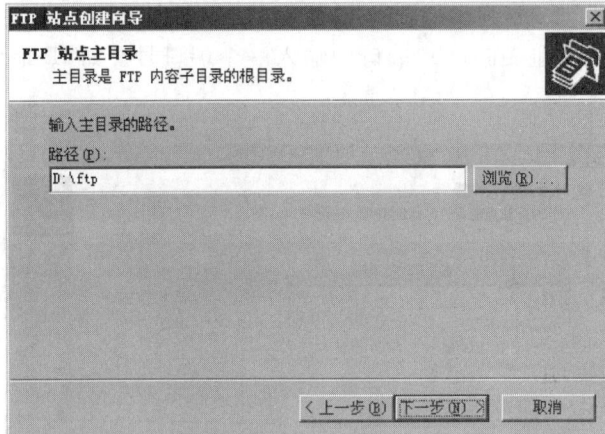

图 8-82 "FTP 站点主目录"页面

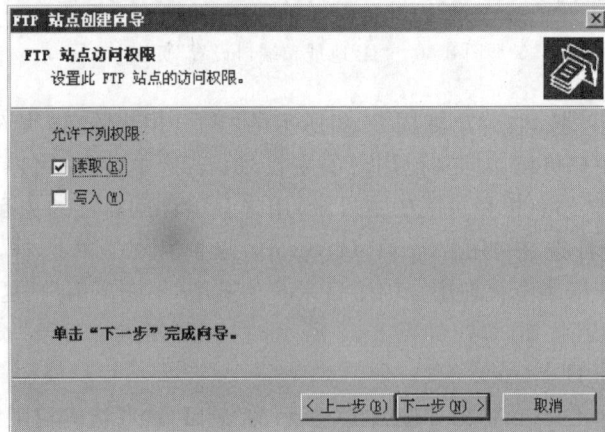

图 8-83 "FTP 站点访问权限"页面

（7）单击"下一步"按钮，再单击"完成"按钮，即可完成了创建一个新的 FTP 站点的操作。

8.3 项 目 小 结

本章介绍了 Windows Server 2003 操作系统的特点、安装；Windows Server 2003 活动目录的特点及操作管理；还介绍了在 Windows Server 2003 中 DNS、DHCP、Web、FTP、E-mail、WINS 服务器的安装及管理等操作技能。通过学习及实训，读者应基本掌握 DNS、DHCP 等各种服务器的原理及操作。

8.4 项 目 习 题

1. 如何更改计算机名？
2. 叙述 NTFS 分区与 FAT 分区的各自特点。
3. 如何将客户机添加到域中并进行管理？
4. 如何在活动目录中发布共享打印机和共享文件夹？
5. 结合实际情况，如何设计一个合理的活动目录方案以方便管理员的管理？
6. 如何选择文件系统格式？
7. 如何卸载活动目录？
8. 如何创建域信任关系并进行管理？
9. 如何构建 DHCP 服务器？
10. 如何建立保留 IP 地址？
11. 如何构建 DNS 服务器？
12. 如何进行 DNS 服务器的配置管理？
13. 如何构建 Web 服务器？
14. 结合实际情况，说明如何设计一个 Internet 信息服务方案。
15. 如何构建 E-mail 服务器？
16. 如何构建 WINS 服务器？
17. WINS 的工作原理是什么？
18. 如何进行 WINS 服务器的配置管理？
19. DNS 服务器的工作原理是什么？
20. 如何设计规划一个单位的 DNS 服务器方案？

项目九 网络安全实施

9.1 项目目标

终极目标：
根据设计,完成校园网防火墙各项安全功能的配置。
促成教学目标：
1. 掌握防火墙的初始配置。
2. 掌握防火墙的 DMZ 区的配置。
3. 掌握防火墙的 NAT 配置。
4. 掌握防火墙防范攻击的配置。
5. 掌握防火墙 VPN 配置。

9.2 项目任务

1. 根据网络需求情况,完成网络防火墙设备选型。
2. 掌握防火墙的安全基本配置。
3. 完成防火墙 DMZ 区的构建。
4. 完成 NAT 的配置与管理。
5. 完成 VPN 的配置与管理。

模块 1 防火墙的初始配置

一、教学目标
1. 掌握 H3C 防火墙的初始配置方法。
2. 掌握配置防火墙的常用命令。

二、工作任务
1. 完成 H3C 防火墙的初始配置。
2. 完成防火墙的其他配置。

三、实施步骤

1) 通过 Console 接口搭建

用户能够通过 Console 接口对 SecPath 防火墙进行本地配置。这是一种可靠的配置维护方式。当防火墙第一次上电、与外部网络连接中断或出现其他异常情况时,则可以采用这种方式配置防火墙。

（1）建立本地配置环境。将微机（PC 或终端）的串口通过标准RS-232电缆与 SecPath 防火墙的 Console 接口连接，如图 9-1 所示。

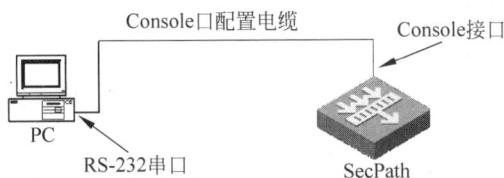

图 9-1　通过 Console 口搭建本地配置环境

（2）在微机上运行终端仿真程序（如 Windows 9X 的 Hyperterm 超级终端等），建立新连接，如图 9-2 和图 9-3 所示。

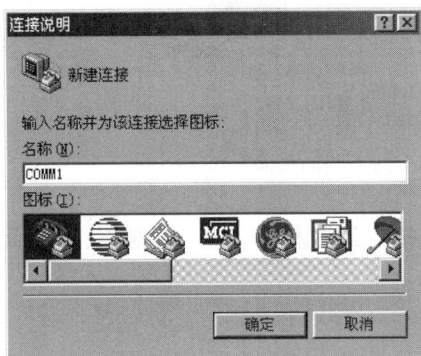

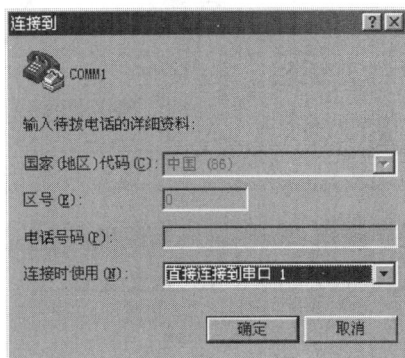

图 9-2　新建连接　　　　　　　　图 9-3　选择实际连接使用的微机串口

（3）选择实际连接时使用的微机上的 RS-232 串口，配置终端通信参数为 9600 波特、8 位数据位、1 位停止位、无校验、无流控，并选择终端仿真类型为 VT100，如图 9-4 和图 9-5 所示。

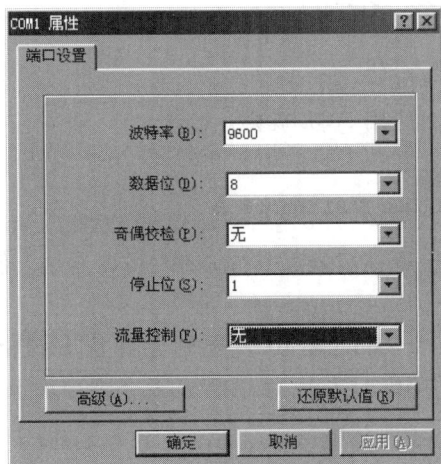

图 9-4　端口通信参数配置　　　　　图 9-5　选择终端仿真类型

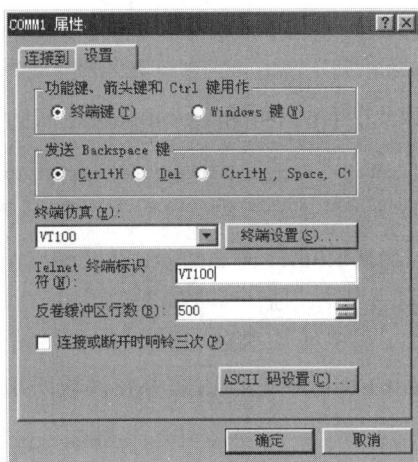

（4）SecPath 防火墙上电自检，系统自动进行配置，自检结束后提示用户按 Enter 键，直到出现命令行提示符（如<SecPath>）。

（5）输入命令，配置 SecPath 防火墙或查看 SecPath 防火墙运行状态，需要联机帮助时可以随时输入"?"，关于具体命令的使用请参考后续章节。

2）实现设备和 SecPath 防火墙互相 ping 通

配置思路：首先实现从某设备 ping 通 SecPath 防火墙，再实现从 SecPath 防火墙 ping 通该设备，操作步骤如下。

（1）微机（PC 或终端）通过 RS-232 串口连接 SecPath 防火墙 Console 接口，SecPath 防火墙 SecPath 1/0/0 接口通过 LAN 与 Router 设备连接。组网如图 9-6 所示。

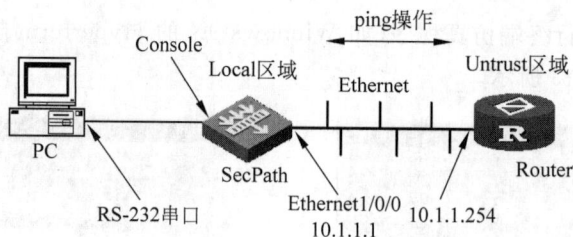

图 9-6　实现 ping 通 SecPath 防火墙的组网

（2）从用户视图进入系统视图，通过 Console 接口配置相应 ACL 规则，允许从 Router 到 SecPath 方向的 ICMP 报文通过。

```
<SecPath> system - view
[SecPath] acl number 3101
[SecPath - acl - adv - 3101] rule permit icmp source 10.1.1.254 0 destination 10.1.1.1 0
```

（3）假设 Router 设备隶属 Untrust 区域，配置接口 Ethernet1/0/0 的 IP 地址，并将该接口加入 Untrust 区域。

```
[SecPath] interface ethernet 1/0/0
[SecPath - Ethernet1/0/0] ip address 10.1.1.1 255.255.255.0
[SecPath] firewall zone untrust
[SecPath - zone - untrust] add interface ethernet 1/0/0
```

（4）在 Untrust 和 Local 区域之间的入方向上应用 ACL 规则。

```
[SecPath] firewall interzone untrust local
[SecPath - interzone - local - untrust] packet - filter 3101 inbound
```

（5）从 Router 向 SecPath 防火墙 Ethernet1/0/0 接口发起 ping 操作，可以通达。但是，反向 ping 操作不通。

（6）为了能从 SecPath 防火墙 ping 通 Router，需配置 ACL 规则允许从 SecPath 到 Router 的 ICMP 报文通过，并在区域间出方向上应用 ACL 规则，涉及的两条命令如下。

```
[SecPath - acl - adv - 3101] rule permit icmp source 10.1.1.1 0 destination 10.1.1.254 0
[SecPath - interzone - local - untrust] packet - filter 3101 outbound
```

（7）从 SecPath 防火墙向 Router 发起 ping 操作，可以通达。

3）实现跨越 SecPath 防火墙的两个设备互相 ping 通

配置思路：首先实现从其他设备分别和 SecPath 防火墙之间能互相 ping 通，然后再实现这两个设备之间能跨越 SecPath 而互相 ping 通，操作步骤如下。

（1）微机（PC 或终端）通过 RS-232 串口连接 SecPath 防火墙 Console 接口，SecPath 防火墙 Ethernet1/0/0 通过 LAN 与 Router 设备连接，SecPath 的 Ethernet2/0/0 接口通过 LAN 与某服务器连接。组网图如图 9-7 所示。

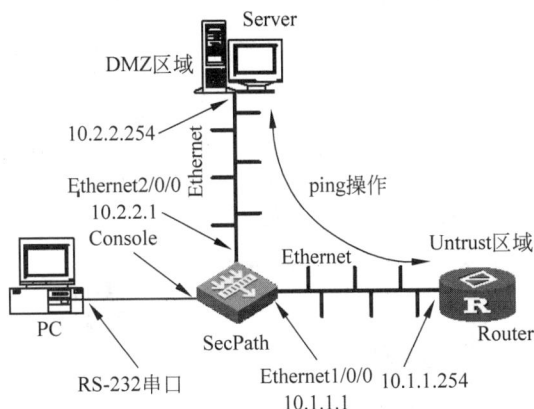

图 9-7　实现跨越 SecPath 防火墙的两个设备互相 ping 通的组网图

（2）首先参考 0(2) 实现设备和 SecPath 防火墙互相 ping 通中的操作步骤，分别实现 Router 和 SecPath 之间互相 ping 通，及 Server 与 SecPath 之间互相 ping 通（Router 隶属 Untrust 区域，Server 隶属 DMZ 区域）。

（3）通过 Console 接口配置新 ACL 规则，允许从 Router 与 Server 之间的 ICMP 报文及返回报文通过。

```
<SecPath> system - view
[SecPath] acl number 3105
[SecPath - acl - adv - 3105] rule permit icmp source 10.1.1.254 0 destination 10.2.2.254 0
[SecPath - acl - adv - 3105] rule permit icmp source 10.2.2.254 0 destination 10.1.1.254 0
```

（4）在 Untrust 和 DMZ 区域之间的出/入方向上分别应用该 ACL 规则。

```
[SecPath] firewall interzone untrust dmz
[SecPath - interzone - dmz - untrust] packet - filter 3105 inbound
[SecPath - interzone - dmz - untrust] packet - filter 3105 outbound
```

（5）从 Router 向 Server 发起 ping 操作可以通达。反向从 Server 向 Router 发起 ping 操作也能通达。

模块 2　防火墙 DMZ 区的实现

一、教学目标

1．掌握实现 DMZ 的方法。

2．掌握实现 DMZ 的常用命令。

二、教学任务

1. 采用 DMZ 实现访问控制。

2. 对 DMZ 的验证。

三、实施步骤

组网图如图 9-8 所示,要求外网用户可以访问服务器 A 不能访问服务器 B 和内网用户,内网用户可以访问服务器 B 不能访问服务器 A 和外网用户。

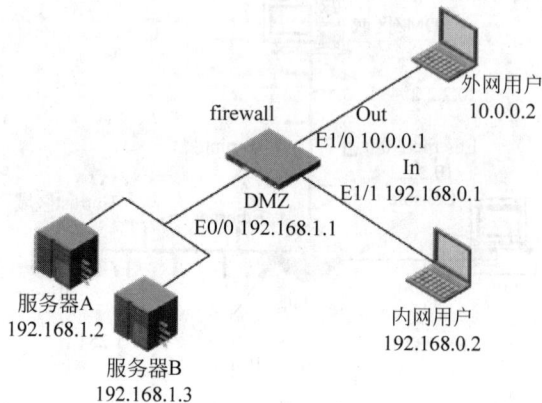

图 9-8　组网图

1. 基本配置

Firwall:

```
<Quidway>system-view
[Quidway]sysname firewall
[firewall]interface Ethernet 0/0
[firewall-Ethernet0/0]ip address 192.168.1.1 24
[firewall-Ethernet0/0]quit
[firewall]interface Ethernet 1/0
[firewall-Ethernet1/0]ip address 10.0.0.1 8
[firewall-Ethernet1/0]quit
[firewall]interface Ethernet 1/1
[firewall-Ethernet1/1]ip address 192.168.0.1 24
[firewall-Ethernet1/1]quit
[firewall]firewall zone DMZ
[firewall-zone-DMZ]add interface Ethernet 0/0
[firewall-zone-DMZ]quit
[firewall]firewall zone trust
[firewall-zone-trust]add interface Ethernet 1/1
[firewall-zone-trust]quit
[firewall]firewall zone untrust
[firewall-zone-untrust]add interface Ethernet 1/0
[firewall-zone-untrust]quit
[firewall]acl number 2000
[firewall-acl-basic-2000]rule permit source 192.168.0.0 0.0.0.255
[firewall-acl-basic-2000]quit
[firewall]acl number 3000
```

[firewall − acl − adv − 3000]rule permit ip source 10.0.0.2 0 destination 192.168.1.2 0

[firewall − acl − adv − 3000]rule deny ip source any destination any

[firewall − acl − adv − 3000]quit

[firewall]acl number 3001

[firewall − acl − adv − 3001]rule permit ip source 192.168.0.2 0 destination 192.168.1.3 0

[firewall − acl − adv − 3001]rule deny ip source any destination any

[firewall − acl − adv − 3001]quit

[firewall]interface Ethernet 1/0

[firewall − Ethernet1/0]nat outbound 2000

[firewall − Ethernet1/0]firewall packet − filter 3000 inbound

[firewall − Ethernet1/0]quit

[firewall]interface Ethernet 1/1

[firewall − Ethernet1/1]firewall packet − filter 3001 inbound

2. 验证

（1）在内网的主机上用 ping 命令来测试是否达到要求，如图 9-9 和图 9-10 所示。

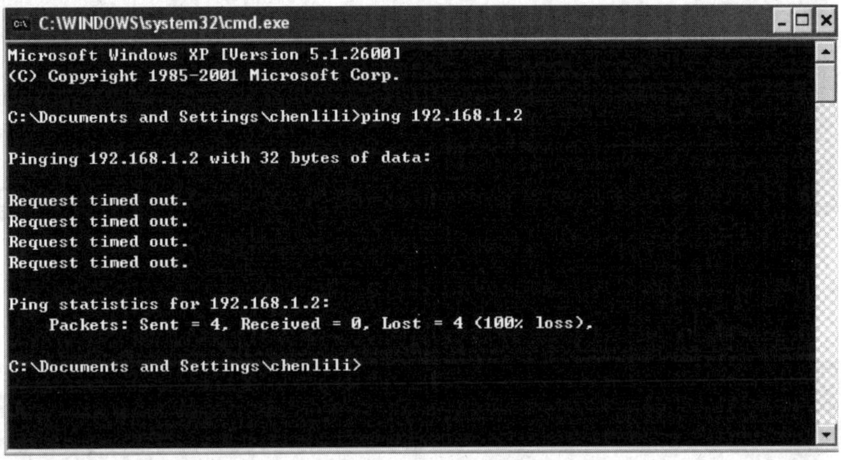

图 9-9　内网用户不能访问的服务器

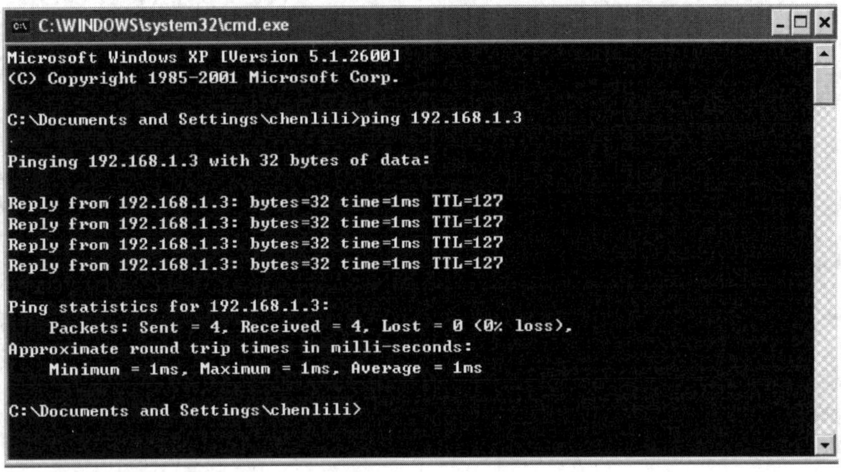

图 9-10　内网用户能访问的服务器

（2）在外网的主机上用 ping 命令来测试是否达到要求，如图 9-11～图 9-13 所示。

```
C:\WINDOWS\system32\cmd.exe                                    _ □ ×

Microsoft Windows XP [Version 5.1.2600]
(C) Copyright 1985-2001 Microsoft Corp.

C:\Documents and Settings\chenlili>ping 192.168.1.2

Pinging 192.168.1.2 with 32 bytes of data:

Reply from 192.168.1.2: bytes=32 time=3ms TTL=127
Reply from 192.168.1.2: bytes=32 time=1ms TTL=127
Reply from 192.168.1.2: bytes=32 time=1ms TTL=127
Reply from 192.168.1.2: bytes=32 time=1ms TTL=127

Ping statistics for 192.168.1.2:
    Packets: Sent = 4, Received = 4, Lost = 0 (0% loss),
Approximate round trip times in milli-seconds:
    Minimum = 1ms, Maximum = 3ms, Average = 1ms

C:\Documents and Settings\chenlili>
```

图 9-11　外网用户能访问的服务器

```
C:\WINDOWS\system32\cmd.exe                                    _ □ ×

Microsoft Windows XP [Version 5.1.2600]
(C) Copyright 1985-2001 Microsoft Corp.

C:\Documents and Settings\chenlili>ping 192.168.1.3

Pinging 192.168.1.3 with 32 bytes of data:

Request timed out.
Request timed out.
Request timed out.
Request timed out.

Ping statistics for 192.168.1.3:
    Packets: Sent = 4, Received = 0, Lost = 4 (100% loss),

C:\Documents and Settings\chenlili>
```

图 9-12　外网用户不能访问的服务器

图 9-13　外网用户不能访问的内网用户

模块 3　NAT 在防火墙中的使用

一、教学目标

1. 掌握实现 NAT 的方法。

2. 掌握实现 NAT 的常用命令。

二、教学任务

1. 配置实现 NAT 的功能。

2. 对 NAT 功能的验证。

三、实施步骤

组网图如图 9-14 所示,要求提供两个公网 IP 地址,一个 IP 给内网用户访问 Internet 用,另一个为公网用户访问内网 FTP 服务器用,并且还要保证内网用户的安全。

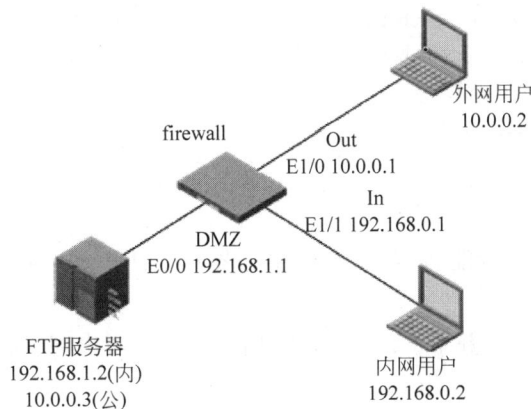

图 9-14　组网图

内网用户通过 10.0.0.1 这个 IP 地址访问公网,FTP 服务器对应的公网 IP 地址为
10.0.0.3,FTP 服务器建立的用户名为 admin,密码为 admin。

1. 防火墙基本配置

```
< Quidway > system - view
[Quidway]sysname firewall
[firewall]interface Ethernet 0/0
[firewall - Ethernet0/0]ip address 192.168.1.1 24
[firewall - Ethernet0/0]quit
[firewall]interface Ethernet 1/0
[firewall - Ethernet1/0]ip address 10.0.0.1 8
[firewall - Ethernet1/0]quit
[firewall]interface Ethernet 1/1
[firewall - Ethernet1/1]ip address 192.168.0.1 24
[firewall - Ethernet1/1]quit
[firewall]firewall zone trust
[firewall - zone - trust]add interface Ethernet 1/1
[firewall - zone - trust]quit
[firewall]firewall zone DMZ
[firewall - zone - DMZ]add interface Ethernet 0/0
[firewall - zone - DMZ]quit
[firewall]firewall zone untrust
[firewall - zone - untrust]add interface Ethernet 1/0
[firewall - zone - untrust]quit
[firewall]acl number 2000
[firewall - acl - basic - 2000]rule permit source 192.168.0.0 0.0.0.255
[firewall - acl - basic - 2000]quit
[firewall]acl number 3000
[firewall - acl - adv - 3000]rule deny icmp source 10.0.0.2 0 destination 192.168.0.2 0 icmp -
type echo
[firewall - acl - adv - 3000]quit
[firewall]nat static 192.168.1.2 10.0.0.3
[firewall]interface Ethernet 1/0
[firewall - Ethernet1/0]nat outbound 2000
[firewall - Ethernet1/0]nat outbound static
[firewall - Ethernet1/0]quit
[firewall]interface Ethernet 1/1
[firewall - Ethernet1/1]firewall packet - filter 3000 outbound
```

2. 验证

(1) 在内网的主机上看能否登录 FTP 服务器和能否 ping 通外网主机,如图 9-15 和
图 9-16 所示。

(2) 在外网主机看能否登录 FTP 服务器和能否 ping 通内网主机,如图 9-17 和图 9-18
所示。

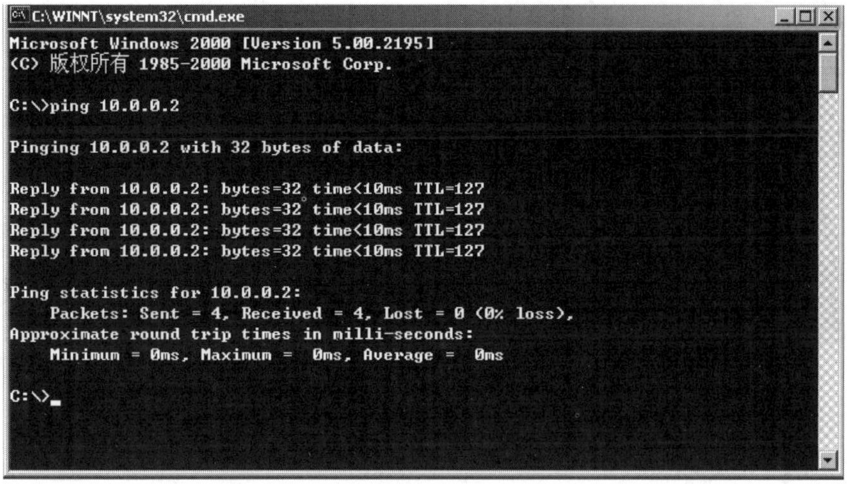

图 9-15　能与外网用户 ping 通

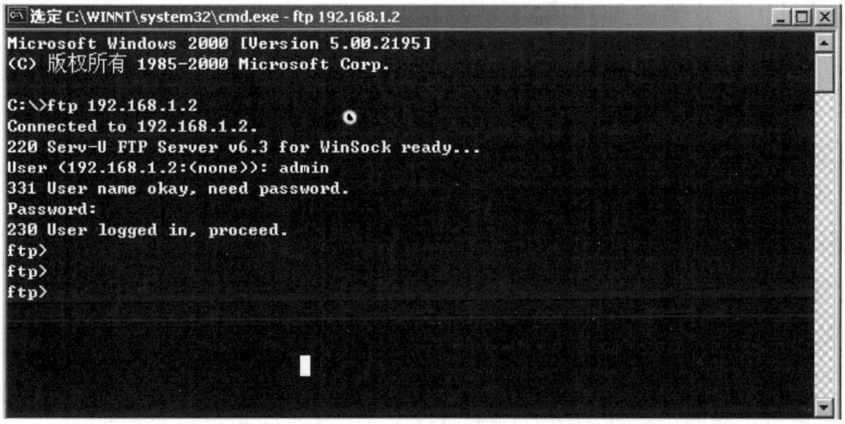

图 9-16　能够登录 FTP 服务器

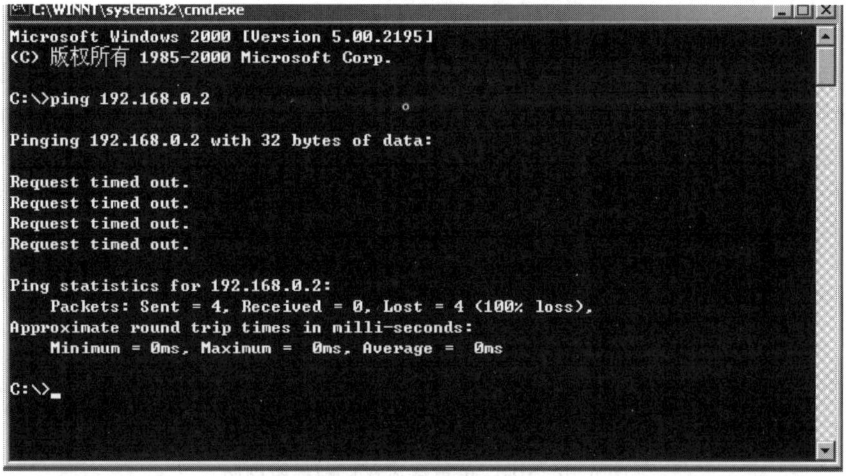

图 9-17　外网主机中能够访问内网 PC

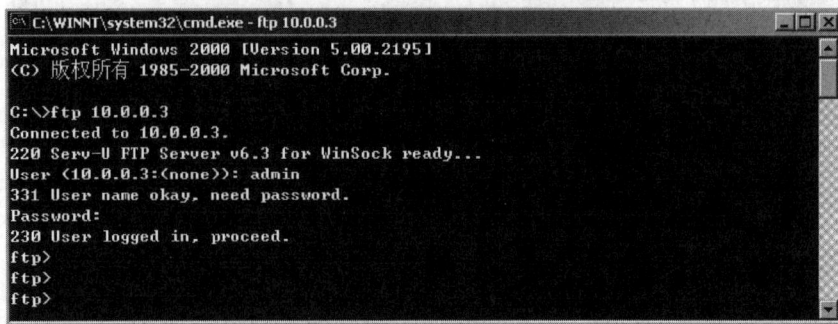

图 9-18　外网主机能够访问 FTP 服务器

模块 4　VPN 实现

一、教学目标

1. 掌握 H3C 防火墙的 VPN 配置方法。
2. 掌握配置防火墙 VPN 的常用命令。

二、工作任务

1. 完成 H3C 防火墙的 VPN 配置。
2. 完成防火墙的其他配置。

三、实施步骤

1. 组网需求

某企业分支使用拨号方式获取动态 IP 地址接入 Internet，企业总部使用固定的 IP 地址接入 Internet。现有如下组网要求。

企业分支与企业总部之间的所有流量通过 IPsec 安全隧道进行传送。

当企业分支的私网 IP 地址段调整时，不需要改变企业总部网关的 IPsec 配置。

为实现如上组网需求，可采用如下配置思路实现。

在 Firewall A 和 Firewall B 之间使用 IPsec 虚拟隧道接口建立 IPsec 连接，将发送给对端私网的数据流路由到 IPsec 虚拟隧道接口上，由 IPsec 虚拟隧道接口上动态协商建立的 IPsec 安全隧道对分支子网（172.17.17.0/24）与总部子网（192.168.1.0/24）之间的所有数据流进行安全保护，如图 9-19 所示。

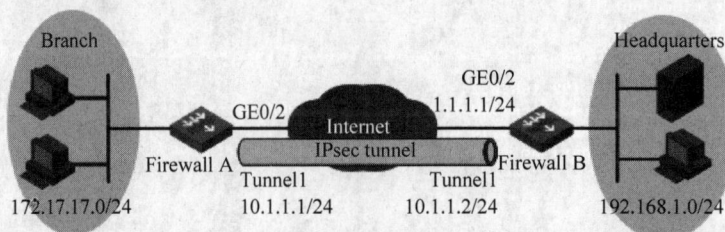

图 9-19　IPsec 虚拟隧道接口配置组网图

2.　配置步骤

♯ 配置本端安全网关的名字为 firewalla。

```
<FirewallA> system-view
[FirewallA] ike local-name firewalla
```

♯ 配置 IKE 对等体 atob。由于隧道本端的 IP 地址为动态获取，因此需要选择协商模式为 aggressive。

```
[FirewallA] ike peer atob
[FirewallA-ike-peer-atob] exchange-mode aggressive
[FirewallA-ike-peer-atob] pre-shared-key simple aabb
[FirewallA-ike-peer-atob] id-type name
[FirewallA-ike-peer-atob] remote-name firewallb
[FirewallA-ike-peer-atob] quit
```

♯ 创建名字为 method1 的 IPsec 安全提议，采用默认的参数设置：安全协议为 ESP；加密算法为 DES；认证算法为 MD5。

```
[FirewallA] ipsec transform-set method1
[FirewallA-ipsec-transform-set-method1] transform esp
[FirewallA-ipsec-transform-set-method1] esp encryption-algorithm des
[FirewallA-ipsec-transform-set-method1] esp authentication-algorithm md5
[FirewallA-ipsec-transform-set-method1] quit
```

♯ 创建名字为 atob 的 IPsec 安全框架，用于保护 Firewall A 和 Firewall B 之间的数据流。

```
[FirewallA] ipsec profile atob
```

♯ 引用 IKE 对等体 atob。

```
[FirewallA-ipsec-profile-atob] ike-peer atob
```

♯ 引用 IPsec 安全提议 method1。

```
[FirewallA-ipsec-profile-atob] transform-set method1
[FirewallA-ipsec-profile-atob] quit
```

♯ 创建一个 IPsec 虚拟隧道接口 Tunnel1，此接口将用于保护 Firewall A 和 Firewall B 之间的数据流。

```
[FirewallA] interface tunnel 1
```

♯ 配置 Tunnel1 的 IPv4 地址为 10.1.1.1/24。

```
[FirewallA-Tunnel1] ip address 10.1.1.1 24
```

♯ 配置 Tunnel1 的隧道模式为 IPsec over IPv4。

```
[FirewallA-Tunnel1] tunnel-protocol ipsec ipv4
```

♯ 配置 Tunnel1 的源接口为 GigabitEthernet0/2。

```
[FirewallA-Tunnel1] source gigabitethernet 0/2
```

#配置 Tunnel1 的目的地址为 1.1.1.1(对端安全网关的隧道接口的源地址)。

```
[FirewallA - Tunnel1] destination 1.1.1.1
```

#在 Tunnel1 上应用 IPsec 安全框架 atob。

```
[FirewallA - Tunnel1] ipsec profile atob
[FirewallA - Tunnel1] quit
```

#配置 Firewall A 到 Firewall B 的静态路由。

```
[FirewallA] ip route - static 192.168.1.0 255.255.255.0 tunnel 1
```

配置 Firewall B
#配置接口 GigabitEthernet0/2 的 IP 地址。

```
<FirewallB> system - view
[FirewallB] interface gigabitethernet 0/2
[FirewallB - GigabitEthernet0/2] ip address 1.1.1.1 24
[FirewallB - GigabitEthernet0/2] quit
```

#配置本端安全网关的名字为 firewallb。

```
[FirewallB] ike local - name firewallb
```

#配置 IKE 对等体 btoa。由于隧道对端的 IP 地址为动态获取,因此需要选择协商模式为 aggressive。

```
[FirewallB] ike peer btoa
[FirewallB - ike - peer - btoa] exchange - mode aggressive
[FirewallB - ike - peer - btoa] pre - shared - key simple aabb
[FirewallB - ike - peer - btoa] id - type name
[FirewallB - ike - peer - btoa] remote - name firewalla
[FirewallB - ike - peer - btoa] quit
```

#创建名字为 method1 的 IPsec 安全提议,采用默认的参数设置:安全协议为 ESP;加密算法为 DES;认证算法为 MD5。

```
[FirewallB] ipsec transform - set method1
[FirewallB - ipsec - transform - set - method1] transform esp
[FirewallB - ipsec - transform - set - method1] esp encryption - algorithm des
[FirewallB - ipsec - transform - set - method1] esp authentication - algorithm md5
[FirewallB - ipsec - transform - set - method1] quit
```

#创建名字为 btoa 的 IPsec 安全框架,用于保护 Firewall B 和 Firewall A 之间的数据流。

```
[FirewallB] ipsec profile btoa
```

#引用 IKE 对等体 btoa。

```
[FirewallB - ipsec - profile - btoa] ike - peer btoa
```

#引用 IPsec 安全提议 method1。

```
[FirewallB - ipsec - profile - btoa] transform - set method1
[FirewallB - ipsec - profile - btoa] quit
```

♯创建一个 IPsec 虚拟隧道接口 Tunnel1,此接口将用于保护 Firewall B 和 Firewall A 之间的数据流。由于对端的公网地址未知,因此隧道接口下不需要配置目的地址。

```
[FirewallB] interface tunnel 1
```

♯配置 Tunnel1 的 IPv4 地址为 10.1.1.2/24。

```
[FirewallB - Tunnel1] ip address 10.1.1.2 24
```

♯配置 Tunnel1 的隧道模式为 IPsec over IPv4。

```
[FirewallB - Tunnel1] tunnel-protocol ipsec ipv4
```

♯配置 Tunnel1 的源接口为 GigabitEthernet0/2。

```
[FirewallB - Tunnel1] source gigabitethernet 0/2
```

♯在 Tunnel1 上应用 IPsec 安全框架 btoa。

```
[FirewallB - Tunnel1] ipsec profile btoa
[FirewallB - Tunnel1] quit
```

♯配置 Firewall B 到 Firewall A 的静态路由。

```
[FirewallB] ip route - static 172.17.17.0 255.255.255.0 tunnel 1
```

3. 验证配置结果

以上配置完成之后,当 Firewall A 的接口 GigabitEthernet0/2 完成自动拨号后, Firewall A 会自动发起与 Firewall B 之间的 IKE 协商。当 IKE 协商完成之后,Firewall A 和 Firewall B 上的 IPsec 虚拟隧道接口链路状态都将 up,即可以满足上述组网需求,对总部和分支的数据流进行安全保护。

可以通过如下显示信息看到 Firewall B 上的 IPsec 虚拟隧道接口链路状态已经 up。

```
[FirewallB] display interface tunnel 1 brief
Link: ADM - administratively down; Stby - standby
Protocol: (s) - spoofing
Interface      Link  Protocol  Main IP      Description
Tun1           UP    UP        10.1.1.2
```

可以通过如下显示信息看到,Firewall B 作为响应方已与 Firewall A 协商生成了两个阶段的 SA。

```
[FirewallB] display ike sa
   total phase - 1 SAs: 1
   connection - id   peer      flag    phase    doi
       2            1.1.1.2    RD       2       IPSEC
       1            1.1.1.2    RD       1       IPSEC
   flag meaning
   RD -- READY ST -- STAYALIVE RL -- REPLACED FD -- FADING TO -- TIMEOUT
```

可以通过如下显示信息查看协商生成的 IPsec SA。

```
[FirewallB] display ipsec sa
===============================
Interface: Tunnel1
    path MTU: 1443
===============================
  ------------------------------
  IPsec policy name: "btoa"
  mode: tunnel
  ------------------------------
    connection id: 3
    encapsulation mode: tunnel
    perfect forward secrecy:
    tunnel:
        local address: 1.1.1.1
        remote address: 1.1.1.2
    flow :
        sour addr: 0.0.0.0/0.0.0.0 port: 0 protocol: IP
        dest addr: 0.0.0.0/0.0.0.0 port: 0 protocol: IP

    [ inbound ESP SAs]
        spi: 1974923076 (0x75b6ef44)
        transform − set: ESP − ENCRYPT − DES ESP − AUTH − MD5
        sa duration (kilobytes/sec): 1843200/3600
        sa remaining duration (kilobytes/sec): 1843199/3503
        max sequence number received: 5
        anti − replay check enable: Y
        anti − replay window size: 32
        udp encapsulation used for nat traversal: N

    [ outbound ESP SAs]
        spi: 2364632148 (0x8cf16c54)
        transform − set: ESP − ENCRYPT − DES ESP − AUTH − MD5
        sa duration (kilobytes/sec): 1843200/3600
        sa remaining duration (kilobytes/sec): 1843199/3503
        max sequence number sent: 6
        udp encapsulation used for nat traversal: N
```

在 Firewall B 上可以 ping 通 Firewall A 连接的分支私网地址。

```
[FirewallB] ping − a 192.168.1.1 172.17.17.1
  ping 172.17.17.1: 56 data bytes, press CTRL_C to break
    reply from 172.17.17.1: bytes = 56 Sequence = 1 ttl = 255 time = 15 ms
    reply from 172.17.17.1: bytes = 56 Sequence = 2 ttl = 255 time = 10 ms
    reply from 172.17.17.1: bytes = 56 Sequence = 3 ttl = 255 time = 10 ms
    reply from 172.17.17.1: bytes = 56 Sequence = 4 ttl = 255 time = 5 ms
    reply from 172.17.17.1: bytes = 56 Sequence = 5 ttl = 255 time = 4 ms

  --- 172.17.17.1 ping statistics ---
    5 packet(s) transmitted
    5 packet(s) received
    0.00 % packet loss
    round − trip min/avg/max = 4/8/15 ms
```

同样,在 Firewall A 上可以通过以上显示命令来查看配置的生效情况,由于其上的显示信息形式与 Firewall B 的类似,此处不再详述。

9.3　项目小结

防火墙是保护网络安全的关键设备,可以在防火墙上实施如 ACL、DMZ、NAT、VPN 等很多的安全策略,防火墙的性能直接影响了内网访问外网的速度,防火墙的正确配置就尤其重要。

9.4　项目习题

1. 简述防火墙的作用与类型。
2. 什么是 DMZ 区? 其作用是什么?
3. 什么样的设备适合放入 DMZ 区?
4. NAT 的作用是什么? NAT 的类型有哪些?
5. VPN 的作用与类型是什么?
6. 实现 VPN 的协议有哪些? 各自有何不同?

参 考 文 献

[1] 刘四清.计算机网络使用教程[M].北京：清华大学出版社,2005.

[2] 陈明.网络设计教程[M].北京：清华大学出版社,2004.

[3] 段水福,段炼,张元睿.计算机网络规划与设计[M].杭州：浙江大学出版社,2005.

[4] 杭州华三通信技术有限公司.路由交换技术[M].北京：清华大学出版社,2011.

[5] 李健,谭爱平.网络工程规划与设计案例教程[M].北京：高等教育出版社,2015.

[6] 杨雅辉.网络规划与设计教程[M].北京：高等教育出版社,2008.

[7] 王维玺.网络管理[M].大连：大连理工大学出版社,2007.

[8] 范荣真.计算机网络安全技术[M].北京：清华大学出版社,2010.

[9] 贺平.网络综合布线技术[M].北京：人民邮电出版社,2014.

[10] 雷震甲.网络工程师教程[M].北京：清华大学出版社,2006.